쉽게 이해하는

건축계획

이용희 · 정상규 · 김수연 공저

SEOWOO
PUBLICATIONS

머리말

이 책은 건물 구현을 위한 창의적 행위를 지원하는 기초가 되는 건축계획 내용에 대하여 다루고 있습니다. 이 책은 건축을 전공하는 대학생들에게 필요한 내용으로 구성되어 대학 교재로 활용할 목적으로 집필되었으나 건축 관련 자격증 및 공무원 시험 등을 준비 중인 수험생들에게 참고서로도 활용될 수 있으며 건축에 관심을 갖고 있는 일반인 독자들에게 건축적 지식 습득을 위한 지침으로도 유용할 것입니다.

저자들의 역량과 경험 부족으로 건축계획 분야의 지식을 완벽하게 집약하지 못하여 여전히 미흡한 점이 많지만, 주요 용도의 건물들을 계획하는데 필요한 기본사항을 비롯하여 평면 계획, 입·단면 계획, 세부 계획과 관련된 핵심 이론을 선별하여 독자들이 건축계획 관련 지식을 가급적 쉽게 읽고 빠르게 습득할 수 있기를 바라는 마음으로 이 책을 저술하였습니다. 이에 다양한 잠재적 독자들의 이해가 용이하도록 이 책의 본문을 간결체의 문장으로 구성하였습니다.

또한, 집필 중 참고한 선현의 학문적 업적들은 이 책의 근간을 이루는 훌륭한 귀감이 되었음을 밝힙니다.

마지막으로 이 책의 저술을 위해 연구비를 지원해 주신 강동대학교 류정윤 총장님, 귀한 도면 자료를 제공해 주신 윤해상 건축사님, 민경일 건축사님, 박희주 사장님, 편집을 도와준 류남훈 연구원을 비롯하여, 출간을 주관한 서우출판사 이석환 사장님과 편집실 관계자 여러분들에게 감사의 뜻을 전합니다.

저자 일동

목차

1
총론

1.1. 건축계획의 정의

1.2. 건축의 과정

기획, 계획, 설계, 시공,
시공 후 평가(PCE),
거주 후 평가(POE)

1.3. 건축계획의 원리

합목적성, 보건성,
구조성, 경제성, 사회성

1.4. 동선 계획

동선의 정의,
동선의 3요소 (빈도, 속도, 하중)

1.5. 모듈을 이용한 건축계획

정의, 모듈러(르 꼬르뷔제),
모듈 종류, 모듈 치수, 모듈 정합(MC)

1.6. 건축의 형태 구성 원리

통일성, 변화성, 비례,
조화, 대비, 균형, 리듬

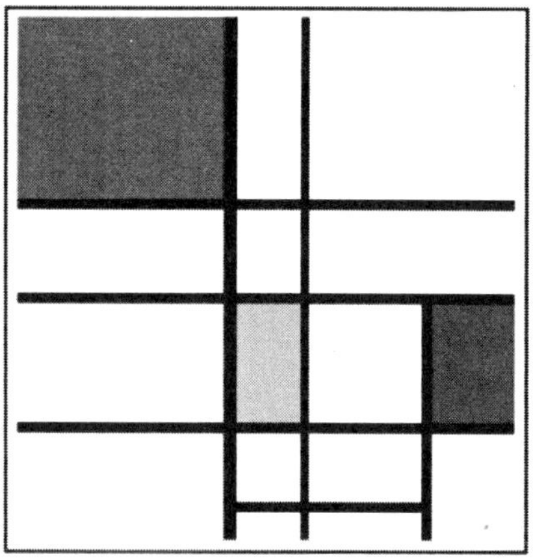

1.1 건축 계획의 정의

-계획(計劃, planning)이란 어떤 일을 수행하기 전에 일의 방법, 절차, 규모 등을 미리 생각하여 체계를 잡는 것으로서 건축 계획은 설계, 시공, 유지관리 등과 같은 일련의 과정을 사전에 체계화하는 작업을 일컫는다.

1.2 건축의 과정

(1) 기획(programming)

-건축물의 개념과 의도를 정하여 건축 전 과정의 작업을 사전에 체계화하는 일이다.

-예산을 세우고 운영 방안을 모색하는 일이다.

-목표를 설정하고 자료를 수집하고 분석하여 각종 설계 희망사항, 요구조건, 제약 등을 파악하는 일이다.

(2) 계획

-기획을 통해 종합된 내용을 바탕으로 설계를 위한 안을 작성하는 작업이다.

(3) 설계

1) 기본 설계

-건축주와 협의하기 위해 건축 계획안을 바탕으로 설계자의 기본 구상을 도면화 하는 작업이다.

2) 실시 설계

-최종적으로 건축주와 합의되어 결정된 내용을 토대로 실제 시공 과정에서 참고할 수 있도록 실시설계도, 구조계산서, 내역서, 시방서 등을 상세하게 작성하는 작업이다.

(4) 시공

-공사 시공자에 의해 실제로 건물을 만드는 과정이다.

(5) 시공 후 평가 (P.C.E.: Post Construction Evalution)

-P.C.E는 건물 시공이 완료된 시점에서 이루어지는 평가이다.

(6) 거주 후 평가 (P.O.E.: Post Occupancy Evalution)

-P.O.E.는 완공된 건물을 점유하여 사용한 후에 이루어지는 평가이다.

-P.O.E. 결과는 후속 디자인에 도움을 주는 좋은 지침이 되고 건축계획 및 평가 이론을 개선할 수 있는 자료로 활용될 수 있다.

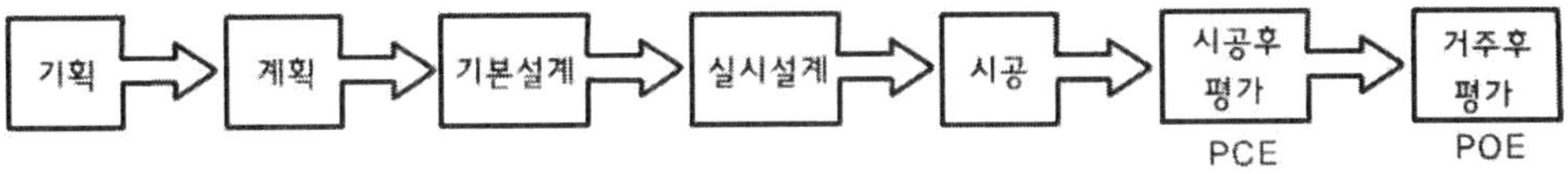

그림 1.1. 건축의 과정

1.3 건축계획의 원리

(1) 합목적성

-건물의 목적에 부합하도록 계획되어야 한다.

(2) 보건성

-환경적으로 거주자의 건강을 지키고 쾌적성을 증대시킬 수 있도록 계획되어야 한다.

(3) 구조성

-건물은 외력(풍력, 지진력) 및 하중(자체하중, 적설하중, 충격하중 등)에 대해 안전하게 계획되어야 한다.

(4) 경제성

-건축비용과 유지관리비용이 효율적으로 투입되도록 계획되어야 한다.

(5) 사회성

-건물은 사회의 건전하고 지속가능한 발전을 함께 고려하여 계획되어야 한다.

1.4 동선 계획

(1) 동선의 정의

-동선(動線, traffic line)은 공간 내에서 생활행위 중의 각종 목적을 가진 사람, 물건, 차량 등의 움직임을 선으로 나타낸 것이다.

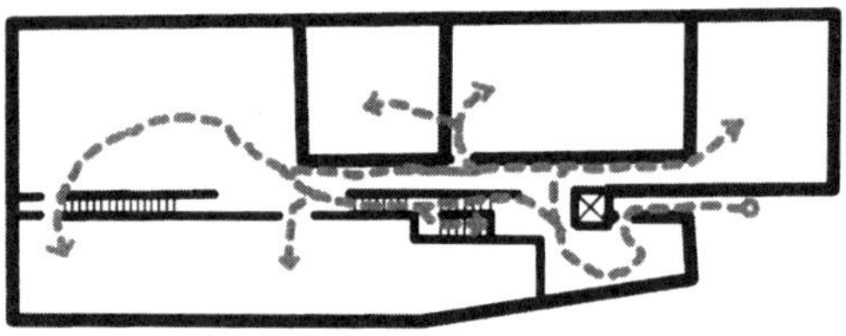

그림 1.2. 건물 내 동선

(2) 동선의 3요소

1) 빈도

-건물 내 각 공간에 대한 동선의 이용 빈도를 말한다.

2) 속도

-속도는 동선 길이와 밀접한 관계가 있다.

-통행량이 많은 경우에 동선 길이를 짧게 계획하여 이동의 효율을 높일 수 있다.

3) 하중

-동선의 공간적 크기를 의미한다.

-가사작업의 동선과 같이 왕래가 잦은 동선은 하중이 큰 동선으로서 시각적으로 표현할 경우에 두꺼운 굵기의 동선으로 표현할 수 있다.

1.5 모듈을 이용한 건축계획

(1) 정의

-모듈(module)은 건축물을 계획하고 설계하는 과정에서 공간, 건물 부위, 자재, 부품 등의 치수와 크기를 조정하고 결정하는 기준이 되는 단위로 건축의 표준화를 통한 건축구성재의 대량생산을 가능하게 한다.

(2) 르 꼬르뷰제(Le Corbusier)의 모듈러(Modular)

-모듈의 대표적인 예로서 르 꼬르뷔제는 인체의 주요 부분 사이의 거리가 황금비(1:1.618)로 나타나고 있음을 보여주었다.

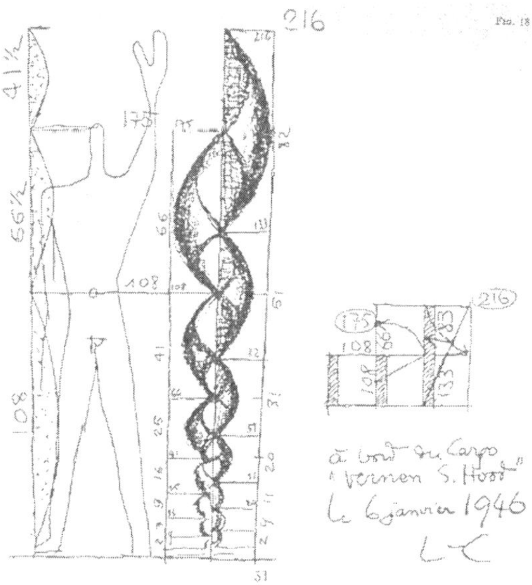

그림 1.3. 르 꼬르뷰제가 제시한 모듈러

-성인의 표준 키 175cm에 대한 황금비가 되는 치수인 108cm에 해당하는 높이에는 그 사람의 배꼽이 존재하여 이 높이에 2배에 해당하는 216cm은 팔을 위로 치켜 올렸을 때의 높이가 된다.

-인체의 다른 부위들도 치수의 기본 단위인 108cm에 황금 비율을 적용하여 그 위치와 치수를 도출해 낼 수 있다.

-르 꼬르뷔제는 자신의 모듈체계를 인체척도에 연결시켜 그의 건축 평면, 입면, 단면 등의 설계에 적용하였다

(3) 모듈 종류

1) 기본 모듈

-기준 척도를 1M(10㎝)으로 표시한 모듈을 말한다.

2) 복합 모듈

-기본 모듈인 1M의 배수가 되는 모듈을 말한다.

-2M(20㎝): 건물의 높이(수직방향)의 기준

-3M(30㎝): 건물의 길이(수평방향)의 기준

3) 보조 모듈

-기본 모듈보다 작은 크기 단위가 필요할 경우에 기본 모듈을 정수로 나누어서 사용하는 모듈을 말한다.

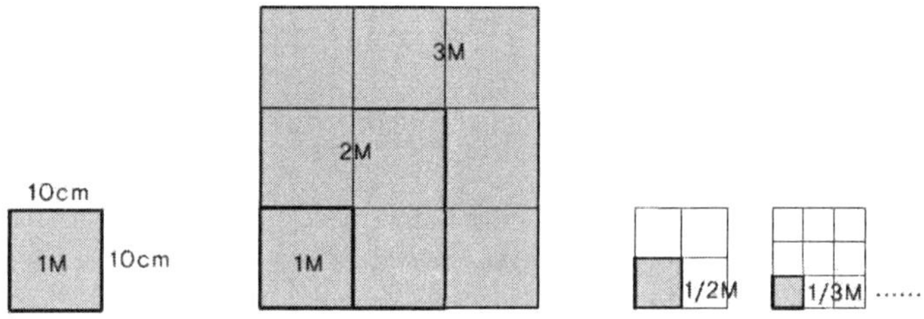

그림 1.4. 모듈

(4) 모듈 치수

-모든 모듈 치수는 공칭치수(줄눈 중심 간의 거리)이고 제품 치수는 공칭치수에서 줄눈의 두께를 뺀 것이다.

-창호의 모듈치수는 문틀과 벽사이의 줄눈 중심 간의 거리이다.

-모듈을 적용한 건물은 각 구성재의 줄눈 중심 간의 거리, 층높이, 기둥 중심간의 거리 등이 모듈 치수와 일치해야 한다.

(5) 모듈 정합[modular coordination(M.C.)]

1) 정의

-건축 설계 및 구성재의 치수 체계를 모듈로 조합하는 것이다.

2) 내용 및 지침

-모듈을 사용하여 건축 전반에 사용되는 재료를 규격화한다.

-건축 구성재를 규격화하여 그 크기를 정하여 합리적 사용하기 위해 치수를 조정한다.

-모듈은 설계, 자재생산, 시공, 유지관리와 같은 건축의 전 생애과정에서 사용할 수 있다.

-가급적 국제적으로 상호 호환될 수 있는 모듈을 적용한다.

-건물의 종류와 특성에 따라 계획모듈을 정한다.

-설계 및 시공이 용이해져서 공업화 건축(prefabrication)을 위한 선행조건이 된다.

-M.C.화 되어도 단순하거나 획일화되지 않도록 설계의 창의성과 자유도를 높일 수 있도록 모듈을 정한다.

3) 모듈 정합의 장·단점

① 장점

-대량생산으로 인해 생산비와 시공비가 절감된다.

-설계 작업을 간편하고 단순화시켜 설계의 효율성 증대시킬 수 있다.

-재료 규격의 표준화로 건축 구성재 간의 상호 호환이 가능하다.

-현장작업이 단순해지고 공사기간이 단축된다.

② **단점**

- 표준화된 재료의 반복 사용으로 건물의 통일성이 유지될 수 있다.
- 지나치면 단순해지거나 획일화될 수 있다.
- 표준화된 재료 및 구성재의 사용으로 자칫 건물의 개성과 독창성이 결여될 수 있다.

1.6 건축의 형태구성 원리

(1) 통일성(unity)

-건축물에 공통적인 요소들을 반복 적용하여 일관성을 갖게 하는 것

(2) 변화성(variety)

-건축물의 색채, 질감, 크기, 형태 등의 변화를 주어 동적으로 표현하는 것

(3) 비례(proportion)

-건축에서 선, 면, 공간 사이에서 상호 간의 양적인 관계

-황금분할비는 그리스의 황금시대에 발달된 비례로 작은 부분과 큰 부분의 비율이 큰 부분과 전체의 비율과 같게 되는 것으로서 그 비율은 1: 1.618이다.

(4) 조화(harmony)

-부분과 부분 사이에 질적이거나 양적으로 안정되게 질서가 잡혀 있는 것

(5) 대비(contrast)

-서로 상반되는 요소를 대치시키는 것

(6) 균형(balance)

-구성재의 부분들이 서로 평형을 유지하게 하는 것

(7) 리듬(rhythm)

-부분과 부분 사이에 시각적 강약이 규칙적으로 연속되게 하는 것

OX 퀴즈

1. 통행량이 많은 경우에 동선 길이를 길게 계획하여야 이동의 효율을 높일 수 있다.

2. 모듈정합(MC) 설계를 적용하면 생산비와 시공비가 절감된다.

3. 수평방향의 기본모듈은 보통 2M(200mm)를 사용한다.

4. 르 코르뷰제(Le Corbusier)는 모듈을 인체척도에 연결시켰다.

5. 조화(harmony)는 건축에서 선, 면, 공간 사이에서 상호 간의 양적인 관계를 말한다.

6. 대비(contrast)는 서로 상반되는 요소를 대치시키는 건축 형태구성 원리이다.

7. 리듬(rhythm)은 부분과 부분 사이에 시각적 강약이 규칙적으로 연속되게 하는 것이다.

8. 황금분할비는 1: 1.414이다.

9. 황금분할비는 르 코르뷰제가 창안한 비례의 원칙이다.

10. 통일성은 건물의 색채, 질감, 크기, 형태 등에 변화를 주어 동적으로 표현하는 것이다.

11. 건축의 표준화는 치수 뿐만 아니라 성능면에서도 구현된다.

12. 건축의 표준화는 건축구성재의 규격을 통일하여 대량생산을 가능하게 한다.

13. 표준화 설계를 하면 건물의 통일성은 유지되지만 지나치면 획일화될 수 있다.

14. 모듈정합(modular coordination)은 공업화 건축(prefabrication)을 위한 선행조건이 된다.

15. 공업화건축을 통해 공사기간을 단축할 수 있다.

2 주택

2.1. 기본 사항
정의, 유형, 주거영역과 공간,
주거밀도, 계획방향, 공동주택 계획

2.2. 대지 계획
대지조건, 배치계획

2.3. 평면 계획
평면유형, 조닝(zoning),
동선계획, 규모계획

2.4. 입 · 단면 계획
입면 및 단면 형식

2.5. 세부 계획
침실, 거실, 주방 및 식당
화장실, 욕실, 주출입구 등

2.6. 단지 계획
단지계획 요소, 근린주구 이론,
교통계획 등

2.7. 공동주택 공동시설계획
공동시설 분류, 주동입구,
계단, 복도, 엘리베이터 등

2.8. 설비 계획
급 · 배수, 정화조,
파이프덕트, 코어시스템

2.1. 기본 사항

(1) 정의

-주택은 인간이 휴식, 취침, 레크레이션, 식사, 배설 등의 1차 욕구(육체적 욕구)와 사교, 단란, 유희, 학습, 취미활동 등의 2차 욕구(정신적 욕구)를 충족하기 위한 건축물을 말한다.

(2) 유형

1) 집합형식에 의한 따른 유형

① **단독주택**

표 2.1. 단독주택의 유형

유형	정의
단독주택	순수하게 독립된 주거형태를 가진 주택
다중주택	학생, 직장인 등 다수인의 장기 거주자 가능한 구조로서 독립된 주거형태가 아닌, 연면적 330㎡ 이하이고 3층 이하로 된 주택
다가구주택	주택으로 쓰이는 층수(지하층을 제외)가 3개 층 이하이고 1개동의 주택으로 쓰이는 바닥면적(지하주차장 면적은 제외)의 합계가 660㎡ 이하로서 19세대 이하가 거주하는 주택
공관	공공기관장이 거주하는 주택

② **공동주택**

표 2.2. 공동주택의 유형

유형	정의
아파트	주택으로 쓰이는 층수가 5층 이상인 주택.
연립주택	주택으로 쓰이는 1개동의 지하 주차장을 제외한 연면적이 660㎡를 초과하고 층수가 4개층 이하인 주택.
다세대 주택	주택으로 쓰이는 1개동의 지하 주차장을 제외한 연면적이 660㎡ 이하이고 층수가 4개층 이하인 주택.
기숙사	학교 또는 공장등의 학생 또는 종업원등에 사용되는 것으로서 공동취사용 구조이되, 독립된 주거형태를 갖추지 아니한 것.

2) 건립지역에 따른 유형

① **농·산·어촌주택**

② **도시주택**

3) 용도에 따른 유형

① 전용 주택: 주거용으로만 쓰이는 주택

② 겸용(병용) 주택: 주거용도 뿐만 아니라 그 외의 용도로 쓰이는 공간이 함께 지어진 주택

4) 건축양식에 따른 유형

① **한식주택**

② **양식주택**

5) 생활양식에 따른 유형

① **입식(의자식) 주택**

② **좌식 주택**

6) 3세대(Generation) 주택의 거주방식에 따른 유형

① **동거형**

-노부모세대, 부모세대, 자녀세대가 하나의 대가족을 형성하여 동거하는 유형

② **인거형**

-노부모세대의 공간에 출입문과 현관을 별도로 설치하여 출입하고 침실, 화장실, 주방 등을 별도로 배치하되 서로 내부의 연결통로로 부모 및 자녀세대와 연결시킨 유형

③ **분거형**

-노부모세대의 공간과 부모자녀세대의 공간이 완벽하게 분리된 유형

(3) 주거영역과 공간

1) 주생활(住生活)의 영역

-개인권(사적 기능 위주의 공간) : 침실, 욕실, 서재 등

-사회권(공적 기능을 위주의 공간) : 거실, 가족실, 응접실 등

-노동권(가사노동 위주의 공간) : 부엌, 세탁실, 식당, 가사실 등

2) 주택의 주요 공간

-사적 공간 : 침실, 욕실, 화장실 등

-단란 공간 : 거실, 식당, 가족실, 응접실 등

-작업 공간 : 부엌, 세탁실, 가사실, 서비스 야드(Service yard), 다용도실 등

-순환 공간 : 계단, 현관, 복도, 홀 등

-수납 공간 : 반침, 창고 등

(4) 주거밀도

-주거밀도의 측정 지표로는 인구밀도, 호수밀도, 건폐율, 용적율 등이 있다.

-단지계획시 주거밀도는 주택의 1인당 바닥면적, 주택의 구조와 형식, 지반의 경사, 일조조건, 토지이용률 등을 고려하여 산정한다.

① **인구밀도(인/ha):** 단위 토지면적(ha)에 대한 거주인구수를 비율로 나타낸 것이다.
② **호수밀도(호/ha):** 주택의 호(세대)수를 대지면적(ha)으로 나눈 것이다.
③ **건폐율(%):** 대지면적에 대한 건축면적의 비율
④ **용적률(%):** 대지면적에 대한 건축물의 연면적 비율

(5) 계획방향

-거주 쾌적성이 좋도록 계획한다.

-가사 노동을 경감시킬 수 있는 규모와 동선을 갖도록 계획한다.

-가족 중심의 단란하고 쾌적한 생활이 이루어지도록 계획한다.

-내구성과 공간 가변성을 고려하여 계획한다.

-시공이 용이하고 공사기간을 합리적으로 단축시킬 수 있도록 계획한다.

-미래의 주거생활 패턴, 신체적 욕구, 사용자의 경제성 등에 따라 계획방향이 결정된다.

(6) 공동주택 계획

1) 연립주택의 종류

① 2호 연립주택

-2호의 주택이 이웃 세대와 서로 벽체를 공유하는 형식의 연립주택

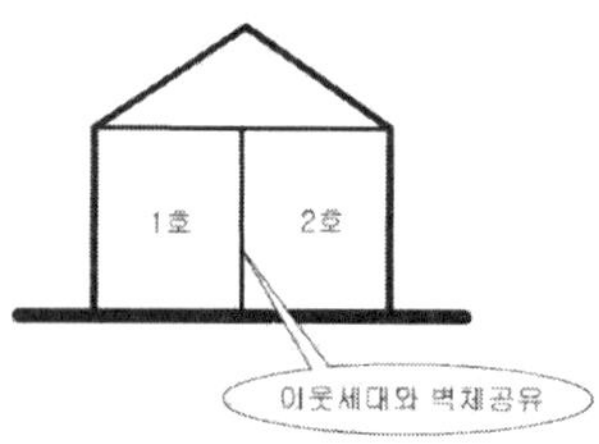

그림 2.1. 2호 연립주택

② 테라스하우스(Terrace house)

-각 세대마다 전용정원을 갖는 형식으로 경사지형에 따라 테라스형으로 건축한 연립주택으로 평지에 인공적으로 테라스 형식을 도입하여 건립하기도 한다.

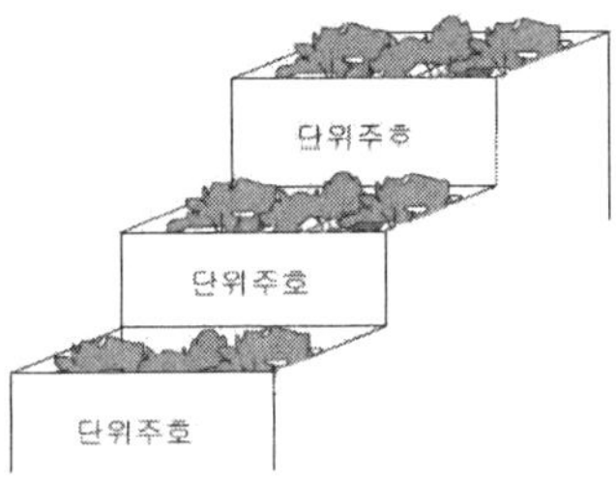

그림 2.2 테라스 하우스

③ **타운 하우스(Town house)**

-효율적인 토지 이용과 건설비 및 유지관리비의 절약을 고려하고 단독주택의 장점을 최대한 살리기 위해 여러 채의 단독주택을 이어 붙인 형식으로 지은 연립주택

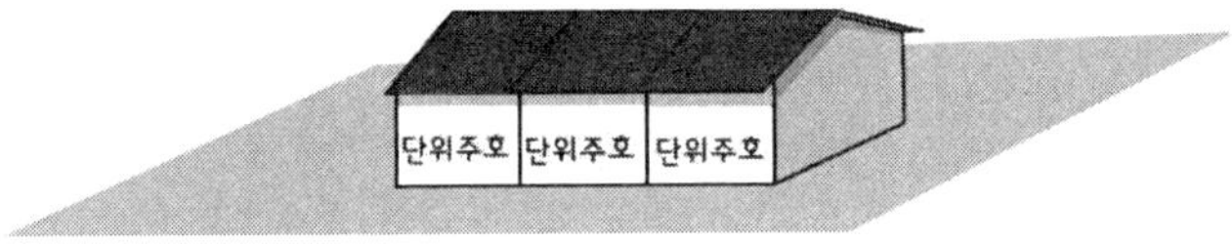

그림 2.3. 타운 하우스

④ **중정형 주택(Patio house, Atrium house)**

- 세대 마다 전용의 중정을 갖고 있고 중정을 향해 L자형으로 둘러싼 형식의 연립주택

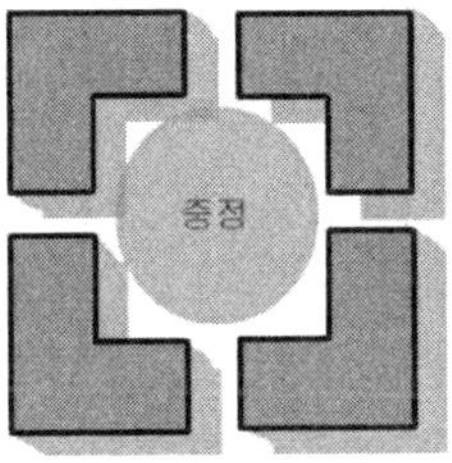

그림 2.4. 중정형 주택

⑤ **로우 하우스(row house)**

- 2동 이상의 단위세대가 경계벽을 공유하고, 단위세대 출입은 홀을 거치지 않고 지면에서 직접 출입하며, 3층 이하의 저층형으로 계획되는 주택으로 타운하우스의 공간 형식과 유사한 연립주택

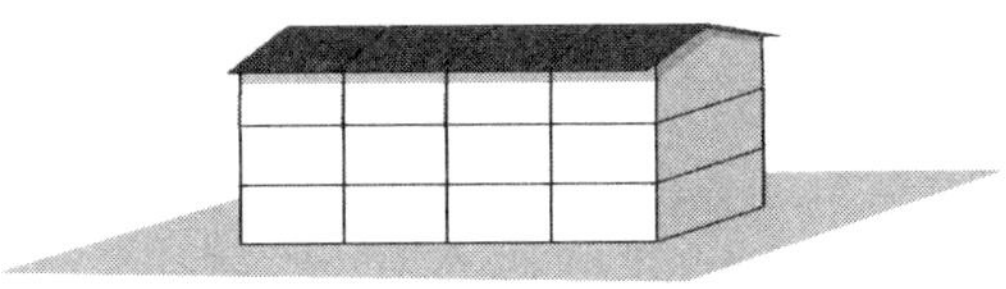

그림 2.5. 로우 하우스

2) 공동주택 주동의 외관형식

① 판상형(Ling laming type)

-각 단위세대를 전후 또는 좌우로 연립하여 배열한 형식을 말한다.

-一자형, ㄱ자형, ㄷ자형, T자형, Y자형, +자형 등으로 분류된다.

-각 단위세대마다 향, 채광, 통풍 등의 환경조건을 균등하게 제공할 수 있다.

-동일 형식의 단위세대가 반복적으로 배열된다.

-각 단위세대의 조망과 경관 확보가 어렵다.

-인동간격 확보에 따른 배치계획으로 자유롭고 다양한 배치가 어렵다.

② 탑상형(Tower type)

-엘리베이터 및 계단실이 있는 홀을 중심으로 그 주위에 단위세대를 배치하고 고층 형태로 쌓아올린 형식

-외부 4면의 입면성을 강조하여 랜드마크적 역할을 할 수 있다.

-개방성의 증가로 단지에 넓은 오픈 스페이스를 조성할 수 있다.

-각 단위세대의 조망과 경관성이 좋다.

-엘리베이터의 효율성이 낮아 유지 관리비용이 증가한다.

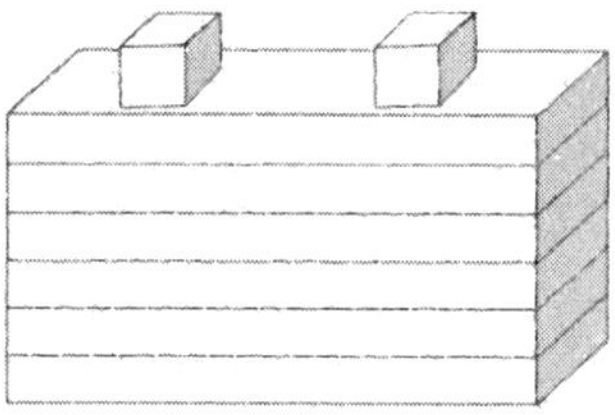

판상형 공동주택

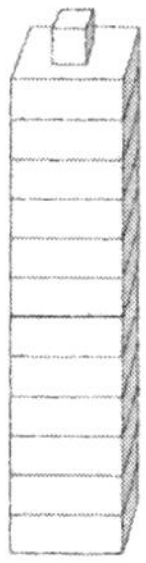

탑상형 공동주택

그림 2.6. 공동주택의 외관 유형

3) 공동주택의 접근(Access)형식

① 홀형(계단실형, Direct access형)

-계단 또는 엘리베이터가 있는 홀에서 직접 각 단위세대로 접근할 수 있는 형식이다.

-단위세대를 전·후면으로 개구부를 낼 수 있어서 채광과 통풍 등의 거주 조건이 좋다.

-단위세대의 프라이버시가 양호하다.

-통행을 위한 공용면적이 작아서 공간 이용률이 높다.

-1대의 엘리베이터를 2개의 단위세대만 이용할 수 있어서 비경제적이고 공사비가 많이 든다.

② **편복도형(갓복도형, 발코니형)**

-한쪽에만 설치된 복도를 통해 여러 단위세대로 접근하는 형식

-통풍과 채광이 좋다.(단, 복도가 외기에 노출된 경우에 한함.)

-1대의 엘리베이터 여러 단위세대에서 이용할 수 있으므로 고층 아파트의 경우에 경제적이다.

-각 단위세대가 통로에 면하고 있어 프라이버시 침해의 우려가 있다.

③ **중복도형(속복도형)**

-중앙에 설치된 복도를 통해 복도 양측에 배치된 단위세대로 접근하는 형식

-많은 단위세대를 수용할 수 있으므로 공간의 이용률이 높다.

-인공조명을 사용하지 않으면 복도가 어둡고 음침하다.

-각 단위세대의 향·통풍·채광·프라이버시가 불량하여 거주성이 낮다.

-복도의 면적이 차지하는 비중이 많고

-독신자 아파트에서 많이 사용되는 형식이다.

④ **집중형**

-엘리베이터와 계단실을 중앙에 두고 주위에 많은 단위세대들을 집중 배치하는 형식이다

-집중적으로 많은 단위세대들을 수용할 수 있어서 대지의 이용률이 높다.

-각 단위세대의 향·통풍·채광·프라이버시가 매우 불량하여 거주성이 낮다.

-중심에 코어와 설비를 집중시켜 구조 및 공사면에서 유리하고 유지관리가 용이하다.

-통풍·환기 등의 문제로 고도의 설비가 필요하다.

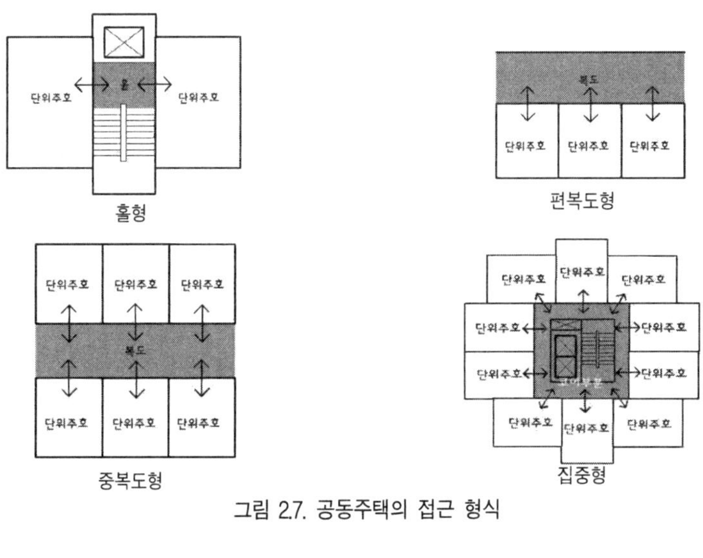

그림 2.7. 공동주택의 접근 형식

2.2. 대지 계획

(1) 대지 조건

-전망이 좋고 일조(日照)와 통풍이 양호한 대지가 주택부지로 적합하다.

-지반이 견고하고 배수가 용이한 부지가 좋다.

-공해와 소음이 없는 부지가 이상적이다.

-방화(防火)에 용이한 곳을 주택부지로 선정한다.

-대지면적이 좁으면 동서로 긴 대지 형태가 좋고, 넓으면 남북으로 긴 형태가 좋다.

-북쪽이 낮고 남쪽이 높은 경사지는 주택 부지로 부적합하다.

-건축법규에 위배되지 않는 곳으로 부지를 정한다.

-교통이 편리하고 편의시설 이용이 편리한 곳에 대지를 정하는 것이 바람직하다.

-학교, 의료시설, 상가, 공원 등과 가까운 곳의 부지가 좋다.

(2) 배치 계획

-배치 계획시 주변 환경과의 관계를 고려하고 일조, 통풍, 프라이버시, 방화, 차음 등을 고려하여 주택을 배치한다.

1) 방위

-남향이 가장 좋고, 틀어진다면 동으로 18° 이내 서로 16° 이내가 좋다.

-단독주택 건물은 가능한 동서로 긴 형태로 하여 최대한 대지의 북쪽으로 배치하고 대지의 남쪽 부분에 여유로운 공지를 확보하여 남향으로 하는 것이 이상적이다.

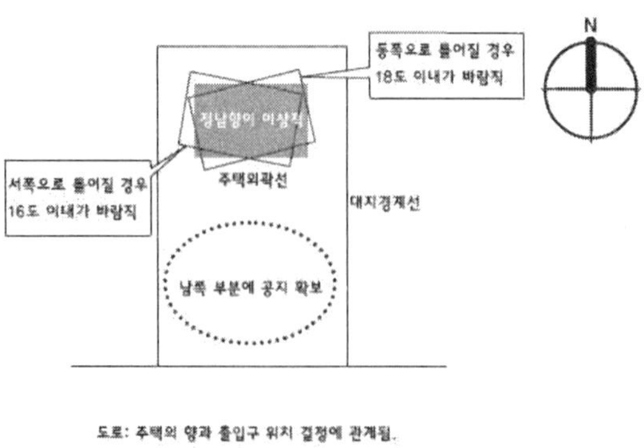

그림 2.8. 주택 배치 기본 원칙

① **공간의 방위별 특성 (단, 각 방위의 공간에 개구부가 있을 경우)**

■ 동쪽

-오전에 햇빛이 공간 내부로 깊이 비쳐서 겨울철의 경우에 실내 공간이 오전에는 따뜻하고 오후에는 차가워지며 주로 침실, 식당, 주방을 배치한다.

■ 서쪽

-오후에 햇빛이 공간 내부로 깊이 비쳐서 여름철의 경우에 실내 공간이 무더워지며 주로 욕실, 건조실, 세면실, 갱의실 등을 배치하며 주방은 위생적인 목적에서 서쪽에 배치하지 않는다.

■ 남쪽

-여름철에는 태양의 고도가 높아 내실까지 햇빛이 깊이 들어오지 않아 실내공간이 무덥지 않고 겨울에는 내실까지 햇빛이 깊이 들어와 실내가 따뜻해진다.

-주로 거실, 식당, 가족실, 침실 등을 배치한다.

■ 북쪽

-하루 종일 실내에 햇빛이 깊게 비치지 않아 겨울철에는 실내가 차갑고 하루종일 실내의 조도(照度)가 일정하다. 주로 계단, 화장실, 중정, 창고 등을 배치한다.

2) 일조

-동지(冬至)를 기준으로 일조시간이 6시간 정도가 가장 좋고 최소 4시간 이상의 일조 시간을 확보할 수 있도록 주택을 배치하는 것이 좋다.

3) 도로 • 대지 • 주택과의 관계

-대지 형태와 도로 위치는 평면의 모양과 주택 현관의 위치를 결정하는 중요 요소가 되므로 도로·대지·주택의 관계를 동시에 고려하여 배치계획을 수립해야 한다.

-주택의 배치 및 출입구 위치는 도로와의 관계를 고려하여 결정한다.

-현관, 차고, 도로와의 관계를 고려하여 접근 방식을 결정한다.

4) 공동주택의 주동 배치

① **계획지침**

-거실의 전망, 일조, 통풍, 차음을 고려하여 배치한다.

-건물 연소 우려 부위를 고려하여 적정 간격을 두고 배치한다.

-화재 시 소방과 대피를 위한 옥외 통로 공간을 확보한다.

-프라이버시를 위해 다른 주동 세대의 시각적 간섭에서 보호받도록 48m 이상 이격한다.

-단지 내에 시각적 개방성을 확보하여 단지 내 쾌적성을 증가시킨다.

-인동간격을 통해 얻어진 공지에 친수 공간 및 녹지 등을 조성하여 친환경성을 높인다.

-단지 밖 또는 다른 주동 세대로부터의 소음 방지를 위해 소음원에서 50m 이상 이격한다.

-일조확보를 위한 주동의 남북간 인동간격은 동지에 최소 4시간, 하지에 최소 6시간 이상 일조를 받을 수 있도록 확보해야 한다.

② **일조와 채광을 위한 남북간 인동간격**

$$D = \varepsilon H$$ (ε: 인동간격 결정상수, H: 건물 높이)

$$\varepsilon = \frac{\cos A}{\tan h}$$ (h: 태양의 고도, A: 태양의 방위각)

③ **통풍과 연소방지를 위한 동서측면간 인동간격 (최소 6m이상 이격)**

-1세대 건물 : dx = bx

-2세대 건물 : dx = 1/2bx

-기타(다세대) 건물: dx = 1/5bx

(여기서, bx = 건물 길이, dx = 측면 인동간격)

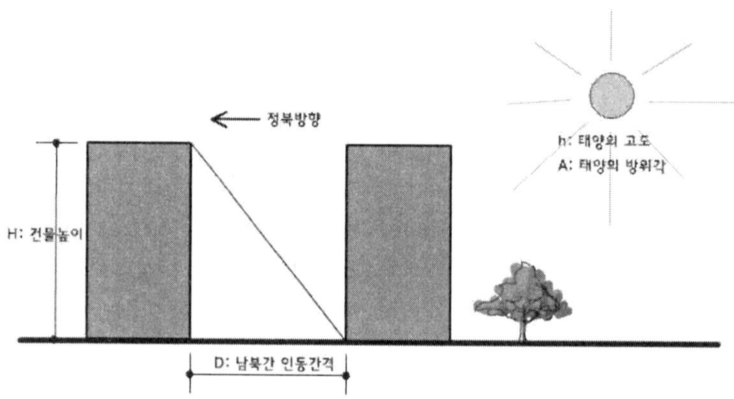

<남북방향>

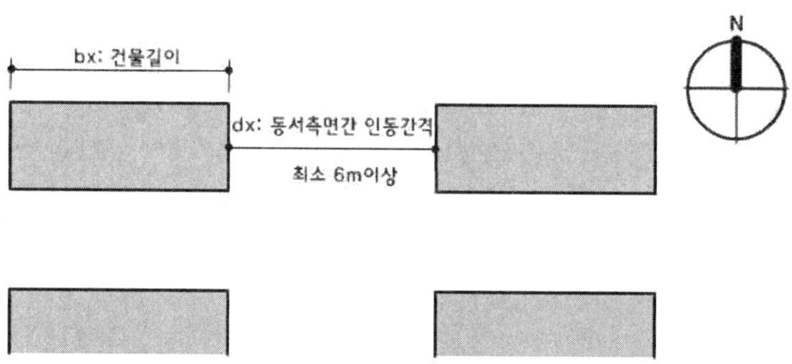

<동서방향>

그림 2.9. 공동주택의 인동간격

5) 배치 유형별 특징

① 평행 배치

- 각 세대에 균일한 환경조건을 부여할 수 있다.
- 에너지 절약에 유리하다.
- 배치가 획일적이고 단조로울 수 있다.
- 외부 공간이 좁다.

② 직각 배치

- 평행 배치에 비해 다양하게 공간의 변화를 줄 수 있다.
- 외부 공간이 넓고 동적으로 구성할 수 있다.

③ 사행 배치

- 대지 형상이 불규칙할 경우에 적용된다.
- 인동간격과 같은 법적 제약으로 인해 공간 이용효율이 불량해질 수 있다.

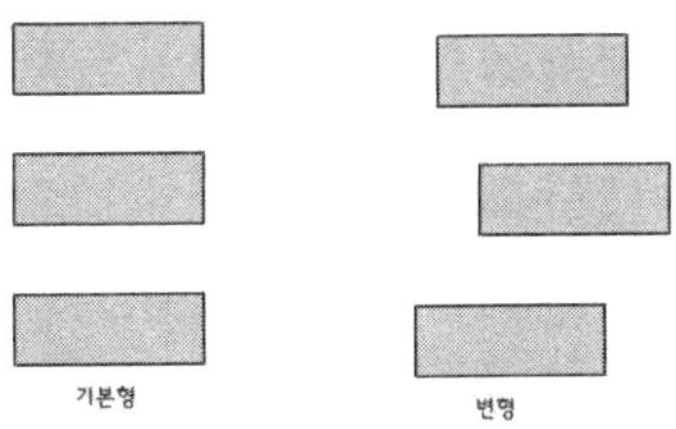

평행 배치

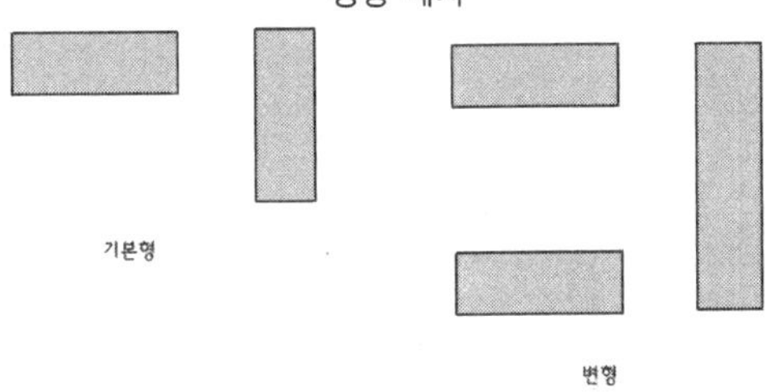

직각 배치

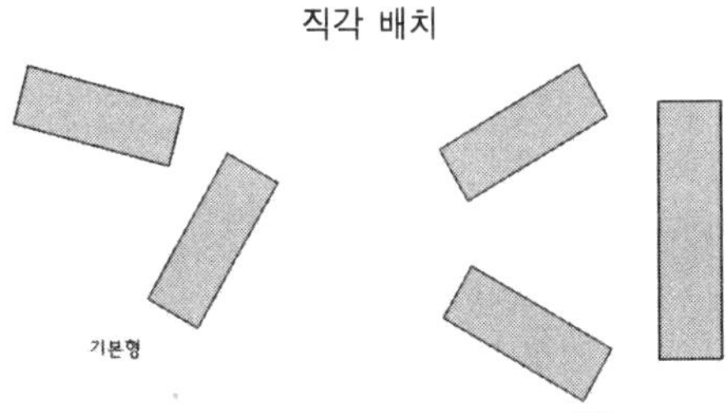

사행 배치

그림 2.10. 배치 유형

2.3. 평면 계획

(1) 평면 유형

1) 홀(hall)형

-홀을 중심으로 각 실이 연결된 형식으로 동선이 복잡해질 수 있으나 동선이 짧다.

-높은 공간 이용 효율로 소형 주택이나 아파트 단위세대에 적합하다.

2) 중정형(中庭型)

-옥외의 중정을 중심으로 주위에 각 실을 배치한 형식

-주택 내부에 강한 직사 광선 유입을 막을 수 있다.

-각 실이 중정을 향해 배치되어 외부공간에 대해서는 폐쇄적인 형태로 공간이 구성된다.

3) 편복도형

-대지 형상이 길고 좁은 경우에 적합하다.

-각 실이 일렬로 배치되어 일조와 통풍에 유리하다.

-동선이 길어져 공간 이용 효율이 낮아지므로 유효면적이 좁아진다.

4) 중복도형

-동선이 짧아져 복도의 공간 이용 효율이 높다.

-일조와 통풍에 불리하고 각 실의 프라이버시가 침해당할 우려가 있다.

-유효면적이 넓어져 대형 주택에 적합하다.

5) 회랑 복도형

-각 실의 공간 바깥쪽을 환상(環狀)형으로 복도를 에워싼 형식.

-모든 방향에서의 출입이 가능하여 프라이버시가 침해당할 우려가 있다.

-여름철 직사광선의 실내 유입을 막을 수 있다.

6) 코어(core)형

① 평면적 코어형

-홀이나 계단과 같은 순환공간을 집약시켜 공간 이용 효율을 높인 형식.

② 구조적 코어형

-내력벽과 같은 구조체를 집약시켜 주택의 내구성을 높인 형식

③ 설비적 코어형

-주방, 욕실, 화장실, 가사실 등의 설비부분을 집약시킨 형식으로 설비비가 절약된다.

7) 원룸(one room)형

-리빙 키친(Living kitchen)이나 다이닝 키친(Dining kitchen)을 평면 전체로 확장한 형식

-화장실·욕실 이외에 나머지 실들을 개별 구획하지 않고 하나의 공간으로 통합한 유형

-주생활의 간소화와 구조의 단일화로 건축비를 절약할 수 있다.

-가족 수가 적은 소형 주택 및 공동주택 단위세대에 적합하다.

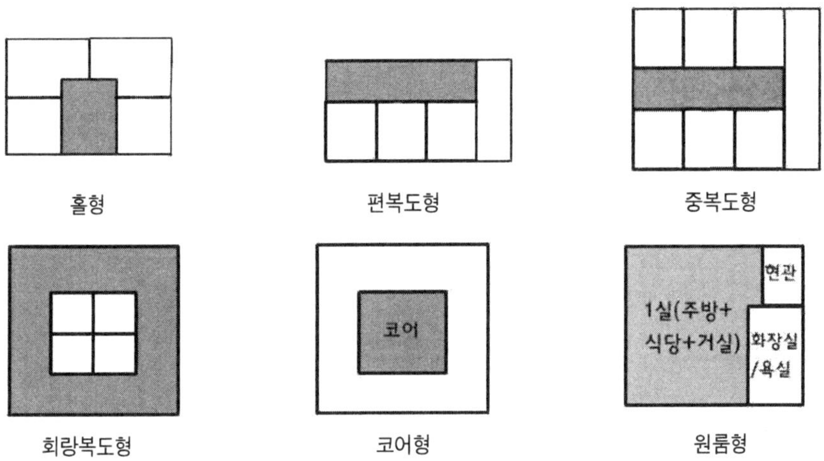

그림 2.11. 평면 유형

(2) 조닝(zoning)

-조닝은 건축 계획에서 공간을 용도나 기능별로 묶어서 구분하여 공간을 배치하거나 주택에서 이루어지는 가족 구성원의 여러 행태를 단순화하기 위해 유사한 것끼리 서로 묶어서 공간별로 계획하는 일을 말한다.

1) 조닝의 원칙

-공간의 기능 또는 가족 구성원의 행태가 서로 유사한 것은 서로 접근 시킨다

-사용시간이 동일한 요소들은 서로 접근시킨다.

-유사한 요소들은 공간들은 서로 공용하도록 한다.

-서로 다른 요소들은 서로 격리 시킨다.

2) 행태에 따른 조닝

① 주인의 생활행동: 사교, 독서, 여가선용

② 주부의 생활행동: 재봉, 세탁, 조리 등의 가사 활동과 사교, 교양

③ 아동의 생활행동: 놀이, 공부

3) 생활공간에 따른 조닝

① 개인생활 공간: 침실, 공부방

② 단란생활 공간: 거실, 식당

③ 보건·위생 공간: 욕실, 화장실, 세면실, 주방

4) 이용시간에 따른 조닝

① 낮에 이용하는 공간

② 밤에 이용하는 공간

③ 밤낮으로 이용하는 공간

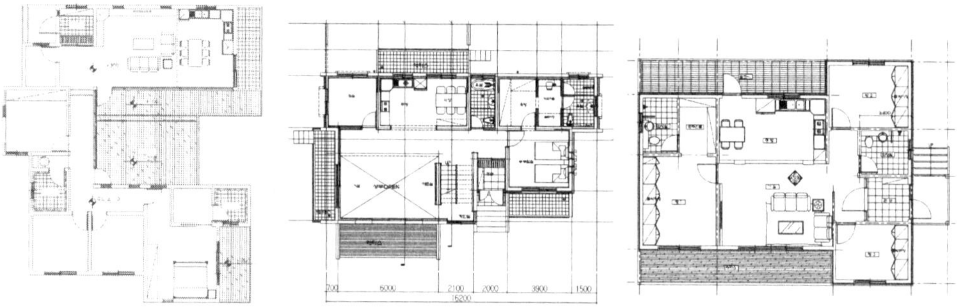

단독주택 평면

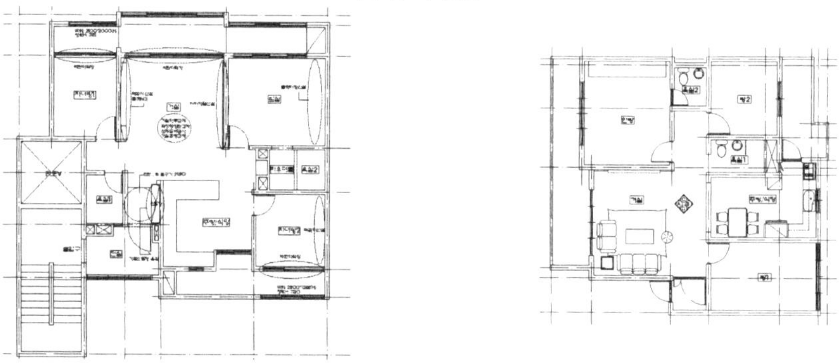

공동주택 단위주호 평면

그림 2.12. 주택 평면 사례

(3) 동선 계획

1) 동선의 분리

- 개인권, 사회권, 가사 노동권에 해당하는 동선들을 서로 간섭하지 않도록 분리한다.

2) 동선 구성 원칙

- 명쾌하고 단순하게 구성한다.
- 사용 빈도가 높거나 가사 노동권의 동선은 가급적 짧게 한다.
- 속도가 빠른 동선이 지나는 통로의 폭은 넓게 하고, 단순·명료하며, 장애물이 없도록 한다.
- 서로 다른 종류의 동선은 가능한 분리시키고, 가급적 교차시키지 않는다.
- 보행자 동선과 차량 동선은 가급적 분리시켜 교차되지 않도록 한다. (보차(步車)분리 원칙)

(4) 규모 계획

-거주면적은 총년적에서 생활 지원 공간 및 공용공간의 면적을 제외한 것으로 일반적으로 주택 총면적의 50~60% 정도(평균 55%) 정도를 차지한다.

-1인이 필요로 하는 거주면적 기준은 다음과 같다.

① 일반적 기준: 최소 10㎡/인, 표준 16㎡/인
② 콜로느(Cologne)기준: 평균 16㎡/인
③ 숌바르 드 로브(Chombard De Lawve) 기준 :
병리기준 8㎡/인, 한계기준 14㎡/인, 표준기준 16㎡/인
④ 프랑크 암 마인(Frank Am Mein) 국제주거회의의 기준: 15㎡/인
⑤ 세계가족단체협회(UIOP)기준: 16㎡/인

2.4. 입 · 단면계획

(1) 입면 및 단면 형식

1) 단층(單層, flat)형: 주호를 1층으로 공간을 구성하는 형식.
2) 중층(中層, duplex)형: 주호를 2층 이상으로 공간을 구성하는 형식.
3) 취발(void, 공정)형: 같은 지붕 밑에서 일부는 중층, 일부는 단층이 되는 형식.

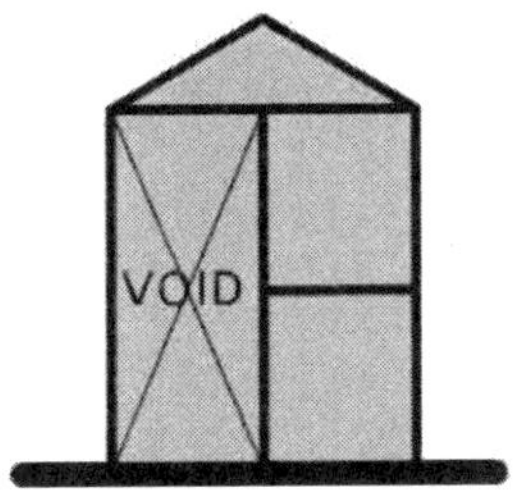

그림 2.13. 필로티형

4) 스킵플로어(skip floor)형: 단독주택에서 대지가 경사지인 경우에 저지대는 중층, 고지대는 단층으로 구성하거나 공동주택에서 바닥의 단차를 다르게 만든 형식.

그림 2.14. 스킵플로어형

5) 트리플렉스(triplex type)형: 한 개의 주호가 3개 층을 사용하는 형식으로 프라이버시가 확보되나 피난계획이 어렵다.

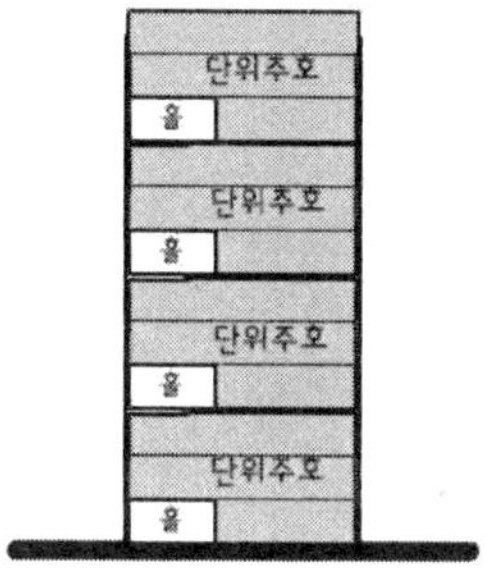

그림 2.15 트리플렉스형

6) 코리도 플로어(corridor floor)형: 스킵 플로어(skip floor)의 변형으로 공동주택에서 엘리베이터의 정지층에 집중적으로 주민공동시설을 배치하는 형식.

7) 필로티(piloty)형: 1층에 기둥을 설치하여 개방된 공간으로 하고, 2층 이상에 각 실을 배치하는 형식.

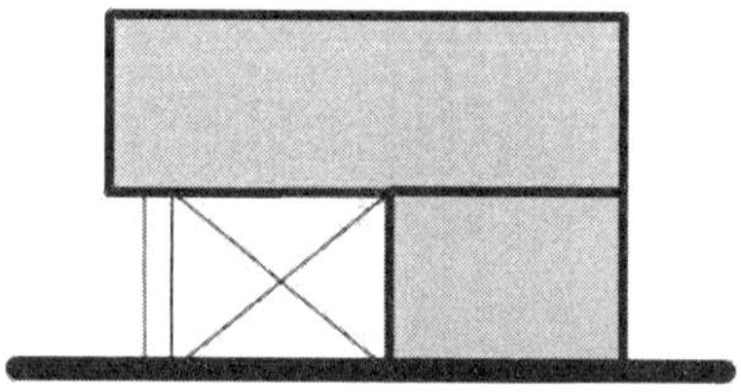

그림 2.16 필로티형

2.5 세부계획

(1) 침실

1) 기본 계획 조건

-취침과 휴식을 위한 안정성과 프라이버시를 확보한다.

-식침분리 : 위생 목적으로 식당 및 주방과 격리시킨다.

-취침분리 : 연령이나 성별에 따라 침실을 분리한다.

-출입문은 침대가 직접 노출되지 않도록 안여닫이문으로 설치한다.

-침실에는 침구를 넣을 수 있는 반침(붙박이장)을 설치할 수도 있다.

-채광 · 통풍 · 환기가 잘 이루어져 거주성이 좋도록 한다.

2) 위치

-도로에 면한 곳에 배치하지 않고 현관에서 떨어진 곳에 조용한 공지에 면하여 배치한다.

-프라이버시와 안정을 위해서 2층이 좋다.

-일조량이 큰 남쪽이나 동쪽, 남동쪽에 배치하는 것이 위생적이다.

-욕실, 화장실, 드레스룸과 근접시킨다.

3) 크기

-크기 결정 요소는 침대 및 가구의 점유면적, 사용인원수 및 행태, 공간규모에 따른 심리적 작용에 따라 달라진다.

① **1인당 소요공간의 부피**

-성인 1인당 소요공기량 = [50㎥/hr(아동은 1/2, 유아는 1/3)] ÷ 자연환기 횟수(2회/hr) = 25㎥

② **1인당 소요 바닥면적**

-1인당 소요공간의 부피(25㎥) ÷ 천장높이(2.5m) = 10㎡(아동은 1/2)

③ **침대 배치**

-머리를 시원하게 하기 위해 침대의 머리 방향을 외기와 접한 외벽에 면하게 배치한다.

-침대에 누운 상태에서 출입문이 직접 보이도록 배치한다.

-침실 내에 너비는 90cm이상의 주된 통로가 확보되도록 배치한다.

-침대의 양쪽에 너비 75cm이상의 부수적인 통로가 확보되도록 배치한다.

-침대의 다리 방향 끝단에서 90cm이상의 여유 공간이 확보되도록 배치한다.

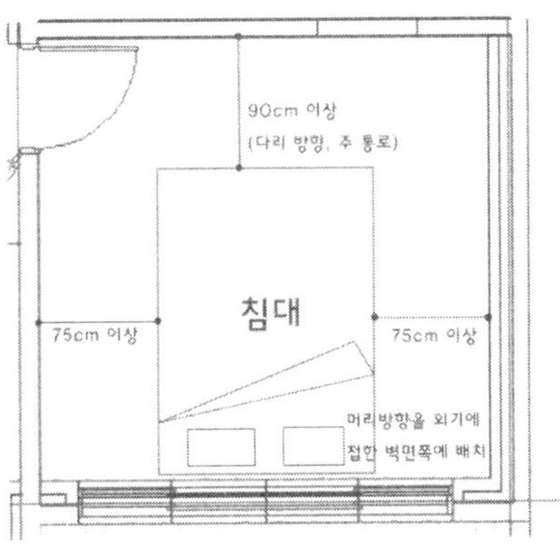

그림 2.17. 침대 배치 원칙

4) 침실의 수

-가족구성원과 구성원의 성별에 따라 침실의 수를 결정한다.

5) 부부침실

-부부의 프라이버시를 중시하여 화장실, 욕실, 드레스룸을 독자적으로 이용할 수 있도록 계획하는 것이 좋다.

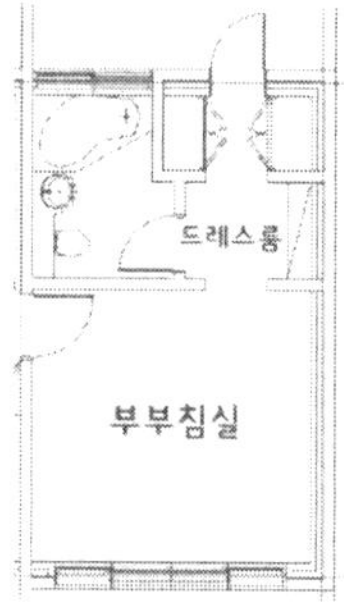

그림 2.18. 욕실과 드레스룸이 부속된 부부침실 사례

6) 아동침실

-유아용 침실은 유아에 대한 부모의 감시와 관찰이 용이하도록 계획하고 아동의 연령과 성별을 고려하여 계획한다.

7) 노인침실

-침실 문의 너비는 휠체어 출입을 고려해서 90cm이상이 좋다.

-침실의 창문 높이 및 문손잡이 높이는 90cm 정도가 적당하다.

-비상벨, 전화, 전기 스위치 등의 사용이 간편해야 한다.

-노약자를 배려하여 화장실, 욕실 등과 가까운 곳에 노인침실을 배치하는 것이 좋다.

-노인의 건강을 고려해서 채광과 환기가 양호하도록 계획한다.

-안전을 고려하여 미끄러운 바닥이나 바닥차가 없어야 한다.

(2) 거실

-거실은 가족의 단란, 휴식, 접대, 작업 등의 행위가 일어나는 가족생활의 중심 공간으로 소규모 주택의 거실은 응접실, 서재, 리빙 키친(Living kitchen)으로 사용된다.

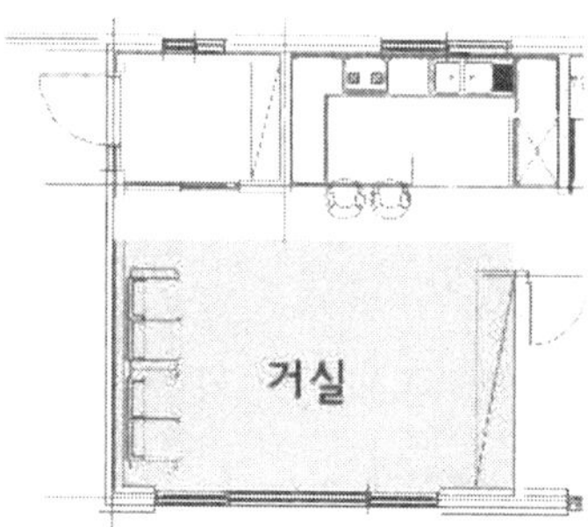

그림 2.19. 거실 사례

1) 기본 계획

-거실의 한 면만 다른 실과 연결시키고, 나머지 3면을 확보하면 거주 환경이 좋아진다.

-가구배치의 변화가 심하므로 거실의 독립성과 개방성을 고려하여 가구 배치 계획을 한다.

-일반적으로 남향이 좋고 일조와 통풍이 잘 되는 곳에 배치하는 것이 좋다.

-주택의 중심에 배치하여, 각 실에서 출입이 용이하도록 동선을 구성한다.

-홀이나 복도와 같은 통로로 사용되어 공간이 분할되지 않도록 배치한다.

-침실과는 대칭되게 배치하면 좋다.

-전망이 좋은 곳이 좋다.

2) 크기

-거실의 1인당 소요 바닥면적: 4~6㎡

-거실의 천장높이: 2.1m 이상

-거실의 면적구성비: 연면적의 25% 정도

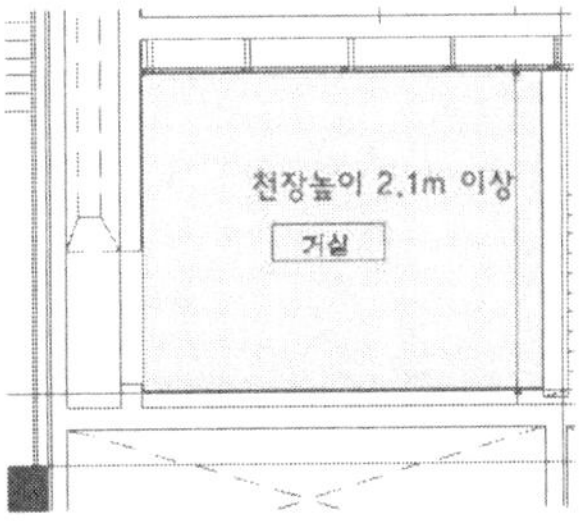

그림 2.20 거실의 천장높이

3) 응접실 및 서재

-응접실의 바닥면적은 15㎡가 적당하다.

-서재는 침실에 가까운 곳에 배치하는 것이 좋다.

-응접실과 겸한 서재는 현관에 가까운 곳에 배치하는 것이 좋다.

-소규모 주택에서는 거실이 응접실의 기능을 대신하고, 서재와 침실을 겸용한다.

(3) 주방 및 식당

1) 주요 계획 지침

-조리 및 배식의 편의를 위한 체계적인 설비 및 가구가 필요하다.

-주방에는 배기 팬(fan)이나 후드(hood) 등의 기계 환기 시설을 갖추도록 한다.

-주방은 조리 과정에서 발생하는 수증기로 인해 외기에 접하도록 배치해야 한다.

-주방과 접한 부분에 세탁, 건조 등의 용도로 활용할 수 있는 발코니를 설치하면 좋다.

2) 주방 및 식당의 형식

① **분리형**

-거실이나 식당, 주방이 완전히 독립적으로 분리된 형식

② **개방형**

-리빙 다이닝(living dining)형: 거실과 식사실을 결합한 유형으로 LD형이라고도 한다.

-리빙 다이닝 키친(living dining kitchen)형: 거실, 식당, 주방을 한 공간에 꾸민 형식으로 LDK 형이라고도 한다.

-다이닝 키친(dining kitchen): 주방의 일부에 식당을 꾸민 형식으로 DK형이라고도 한다.

-다이닝 테라스(dining terrace): 테라스를 식당으로 꾸민 형식

-다이닝 포치(dining porch): 포치를 식당으로 꾸민 형식

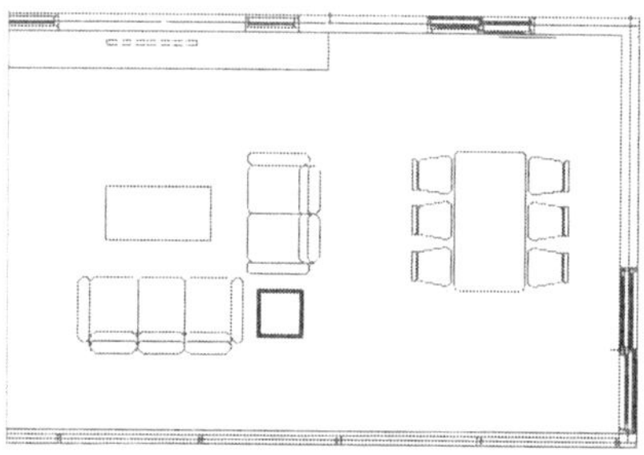

리빙 다이닝

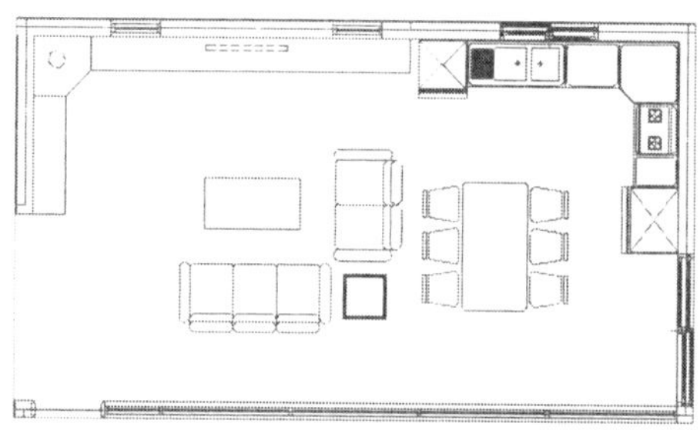

리빙 다이닝 키친

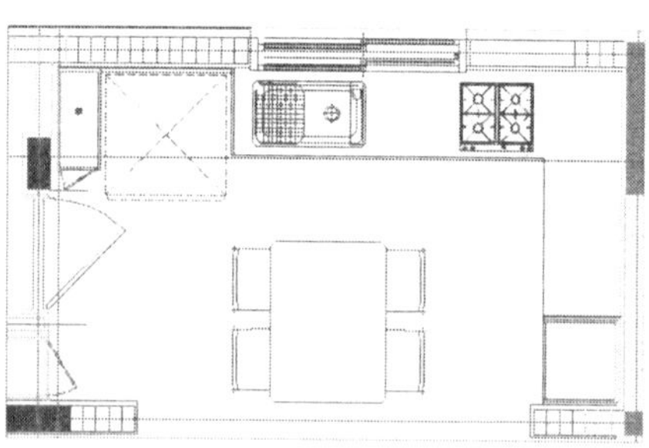

다이닝 키친

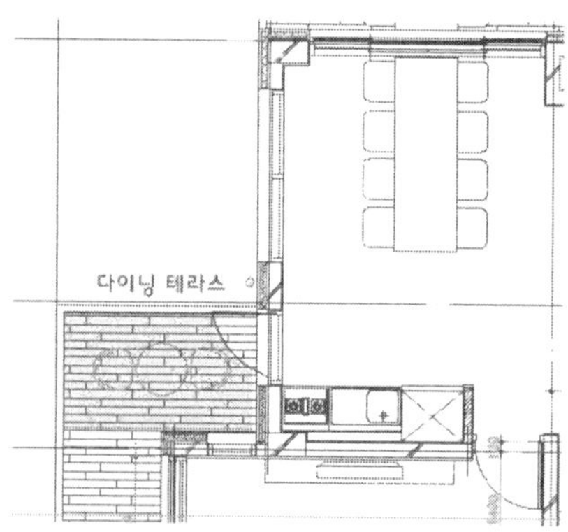

다이닝 테라스

그림 2.21. 주방 및 식당의 유형

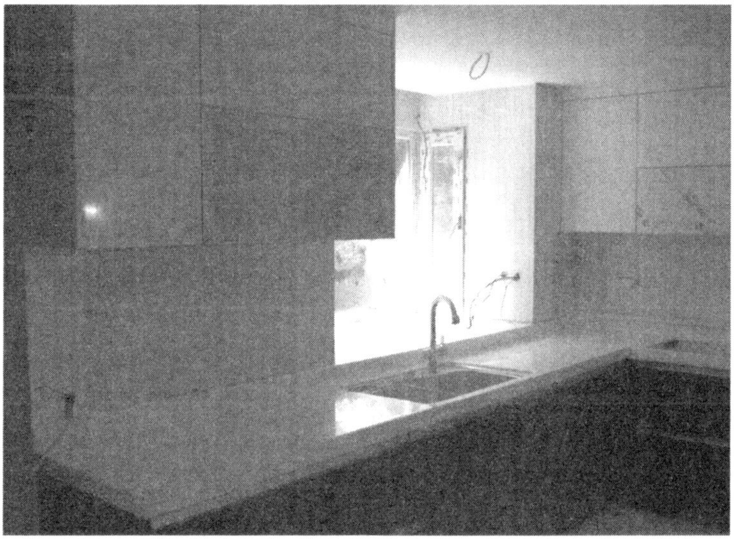

3) 주방용 가구의 크기

-작업대의 너비는 50~60㎝, 높이는 82~86정도가 적당하다.

그림 2.22. 주방용 가구 작업대의 크기

4) 주방의 위치

-자녀의 보호와 관찰을 위해 거실, 자녀방, 놀이방에 근접시킨다.

-기능적으로는 식당과 다용도실 사이에 배치하는 것이 좋다.

-방위는 위생상 환기, 채광, 소독 등을 고려하여 동측이나 남측이 좋다.

-일사가 긴 서쪽은 음식물을 상하게 할 수 있으므로 피한다.

5) 주방의 크기

① 크기 결정 요소

-조리용 연료의 종류와 공급 방법

-조리 및 배식 작업을 위한 동작에 필요한 공간

-주택 연면적, 생활수준 및 가족 수

-식탁 및 작업대의 소요 면적

-식품, 식기, 조리기구의 개수

-주변 통로와의 여유공간

6) 면적

-소형 주택에서는 5㎡(1.5평), 중형 주택에서는 6.6㎡(2평), 133㎡ 이상의 대형 주택에서는 10(3평)~15(4.5평)㎡가 적당하다.

- 면적 구성비로 보면 주방이 차지하는 면적은 연면적의 8~12%(평균 10%) 정도가 적당하다.

7) 주방의 작업순서에 따른 가구 배치

-작업순서에 따라 오른쪽 방향으로 이동하고 회전할 수 있는 배치형태가 좋다.

-냉장고→ 준비대→ 싱크대→ 조리대→ 가열대 → 배선대 순으로 배치함.

8) 주방 가구의 배치 유형

① **직선형(일자형)**

-작업 동선의 혼란은 없지만 동선이 길어져 좌우로의 분주한 움직임이 많아질 우려가 있으며 소규모의 길고 좁은 주방에 적합하다.

② **병렬형:**

-작업 동선을 단축시킬 수 있지만, 몸을 앞뒤로 바꾸어가면서 작업해야 하는 불편함이 있다.

-양쪽 작업대 간격이 너무 떨어지면 불편하며 소규모의 주방에는 적합하지 않다.

③ ㄱ**자형**

-효율적인 가구 배치로 능률적으로 작업할 수 있다.

-꺾인 모양의 가구 배치 형상으로 인해 주방에 공간적인 여유가 있어야 한다.

-꺾인 모서리 부분의 활용도가 낮다.

-ㄱ자형 배치형상의 안쪽 공간을 다이닝 키친(Dining kitchen)으로 활용할 수 있다.

④ ㄷ**자형(U자형)**

-전면의 싱크대를 중심으로 왼쪽에 레인지를, 오른쪽에 냉장고를 배치한다.

-혼자 일하기는 편하지만 여러 사람이 같이 일하기는 불편하다.

-작업효율은 좋으나 자칫 주방이 좁아질 수 있다.

-수납공간의 설치 길이가 길어져 수납 효율이 좋다.

⑤ **아일랜드(island)형**

-분리된 작업대를 모든 방향에서 접근하고 이용할 수 있는 유형

-작업 중 자주 돌아서야 하는 불편함이 있다.

-수납공간의 설치 길이가 짧다.

2) 사무실

-관원이 도서 및 도서관의 운영을 위한 총무, 정리, 봉사 업무를 수행하는 곳이다.

3) 포장·하역실

- 도서 리프트, 포장대, 분류대, 임시 도서선반, 포장용구선반 등이 필요하다.

4) 인쇄실

-도서목록, 통신문, 광고 등을 위한 인쇄업무를 행하는 곳이다.

5) 제본실

-도서의 제본, 수리, 복구 등을 행하는 도서의 장기보존을 위한 관리 업무를 행하는 곳이다.

OX 퀴즈

1. 반개가식은 별도의 출납시스템이 필요하나 서가의 감시는 불필요하다. □

2. 폐가식은 대출절차가 복잡하고 관원의 작업량이 많다. □

3. 자유 개가식은 소규모 도서관이나 아동열람실에 적당한 출납방식이다. □

4. 자유 개가식은 책의 내용 파악 및 선택이 자유롭고 용이하다. □

5. 자유개가식은 서가 정리가 불량할 수 있고 도서 훼손의 우려가 있다. □

6. 안전개가식은 서가열람이 불가능하여 대출한 책이 희망한 내용이 아닐 수 있다. □

7. 폐가식은 서고와 열람실이 분리되어 있다. □

8. 반개가식은 서가의 감시가 요구되는 규모가 큰 도서관에 적합하다. □

9. 폐가식은 도서의 유지관리가 좋고 책의 도난이나 훼손의 우려가 적다. □

10. 폐가식은 도서 목록만 보고 열람을 신청하므로 도서의 내용이 다를 수 있다. □

11. 서고는 도서수 증가에 따른 장래 확장에 대비하여 계획하는 것이 좋다. □

12. 서고는 대부분 자연채광 대신 인공조명을 사용한다. □

13. 서고는 모듈정합(modular coordinatio) 설계를 적용하기 힘들다. □

14. 보편적인 서고의 수장능력 기준은 서고바닥면적 1㎡당 150~250권 정도이다. □

15. 서고 크기는 서고 1㎥당 약 66권을 수용할 수 있도록 한다. □

16. 서고의 창호는 채광과 통풍을 원활히 할 수 있도록 크게 계획한다. □

17. 열람실은 서고에 가깝게 배치하는 것이 바람직하다. □

18. 열람실의 1석의 평균 면적은 성인 1인당 1.5~2㎡이다. □

19. 도서관 규모가 증가할수록 열람실의 면적 점유율이 서고에 비해 증가한다. □

20. 서고의 층높이는 열람실 층높이와 별도로 계획할 수 있다. □

21. 서고내에 설치하는 소규모 개인 연구실이나 좌석을 캐럴(Carrel)이라고 한다. □

22. 서고를 평면의 중앙에 배치하는 형식은 장서수의 증가에 대응하기 어렵다. □

23. 적층식 서고는 도서관의 최하층에서 좌상층까지 서고로 계획한 형식으로 대량의 도서를 수장할 수 있다. □

25. 단독식 서가는 층별로 서가를 계획하여 서가가 고정되지 않아 공간 계획상 융통성이 있다. □

26. 아동열람실의 규모는 아동 1인당 2.0~3.5㎡가 보편적이다. □

27. 도서관의 신축시에는 대지선정과 배치단계에서부터 장래의 확장에 따른 증축 가능한 공간을 확보할 필요가 있다. □

28. 도서관의 신문 잡지 열람실은 현관이나 로비로부터 격리 배치시킨다. □

29. 서고의 조도는 최대한 밝게 하는 것이 좋다. □

30. 서고는 주로 도서의 수장이 주된 기능이므로 기계환기장치가 필요없다. □

6
사무소

6.1. 기본 사항
정의
유형
유효율과 바닥면적

6.2. 대지 계획
대지 조건
도로와 대지의 관계

6.3. 평면 계획
모듈 계획
코어 계획
복도형식에 따른 평면형
기준층 평면
개실형과 개방형 평면
오피스 랜드스케이핑
엘리베이터 평면

6.4. 단면 계획
층고 계획
조닝

6.5. 세부 계획
복도, 계단, 사무실,
화장실, 급탕실, 급 · 배수실,
전기실, 스모크 타워 등

6.1. 기본 사항

(1) 정의

-사무소는 수익 창출이나 공익을 위한 목적으로 각종 업무를 수행하는 상업건축물로서 업무의 능률을 향상시킬 수 있는 공간으로 계획되어야 한다.

(2) 유형

1) 관리상 유형

① 전용 사무소

-기관이나 사업체가 전체 건물을 완전히 소유하고 그 기관이나 사업체만 사용하는 사무소를 의미한다.

-관공서, 본사 소유의 기업체 본사 및 영업소 등이 전용사무소에 해당된다.

-개성있고 독자적이며 상징적인 디자인을 갖고 있어야 한다.

② 준전용 사무소

-여러 회사가 사무소 건물을 공동으로 소유하여 관리하고 운영하는 사무소이다.

-보통 수익성이 높은 대지에 고층으로 건축된다.

-공동소유, 공동사용, 공동운영에 따른 상호간 이해관계가 상충되는 문제가 발생하기도 한다.

③ 준임대 사무소

-대지를 소유하고 있는 기업이나 개인이 사무소를 건립하여 일부를 건물주 전용으로 사용하고 나머지를 임대하는 형식의 사무소이다.

④ 임대 사무소

-건물 전부 또는 대부분을 임대하는 형식의 사무소이다.

-소유자가 거주하며 관리하기도 하고 관리인이 파견되어 관리하기도 하며 관리인 없이 건물만 임대하기도 한다.

2) 임대계획상 유형

① 개실 임대형

-기준층에서 경간(span) 등으로 구획된 개별실 단위로 임대하는 형식

② 블록 임대형

-기준층을 내력벽이나 방화구획에 따라 몇 개의 블록으로 나누어 블록 단위로 임대하는 형식이다.

③ 층별 임대형

-사무소를 층 단위로 임대하는 형식이다.

④ **전체 임대형**

-사무소의 모든 층을 단일 회사가 사용하는 유형이다.

(3) 유효율과 바닥면적

1) 유효율(Rentable Ratio; 렌터블 비)

- "유효율" 이란 연면적에 대한 대실(貸室)면적의 비율로 유효율이 높다는 것은 대실면적 비율이 높아 임대 수익성이 높다는 것을 의미한다.

$$\text{유효율} = \frac{\text{대실면적}}{\text{연면적}}$$

$$\text{기준층유효율} = \frac{\text{대실면적}}{\text{기준층바닥면적}}$$

-일반적으로 전체 사무소의 유효율은 0.7~0.75, 기준층에 대한 유효율은 0.8 정도가 적당하다.

2) 소요바닥면적

-사무소의 1인당 소요바닥면적은 사무소의 기능과 업종에 따라 달라질 수 있는데, 일반적으로 사무소의 1인당 소요바닥면적은 8 ~ 11㎡/인(약 10㎡/인)으로 산정하고 그 중에서 임대공간의 면적은 6 ~ 8㎡/인으로 한다.

-응접실, 회의실, 중역실, 탈의실 등을 제외하고 실질적인 업무 공간에 대한 1인당 소요 바닥면적은 5.5㎡ ~ 6.5㎡/인이 적당하다.

-이를 바탕으로 사무소의 연면적을 다음의 공식에 따라 산출할 수 있다.

$$\text{연면적}(A) = N \times \frac{K}{H}$$

여기서, N: 수용인원수, K: 1인당 소요바닥면적(8㎡ ~ 11㎡), H : 유효율(0.7 ~ 0.75)

6.2. 대지 계획

(1) 대지 조건

-교통이 편리하고 큰 도로에 면하여 사람 및 차량 활동량이 빈번한 도로변의 대지가 입지로 적당하다.

-사무소 대지는 우선 법규적 측면에서 일조조건, 높이제한, 지역지구제 등 규제사항에 유리한 조건을 가진 곳이 좋다.

-사무소 대지는 물리적 측면에서 기존 도로조건과 대지형태가 평면 및 구조계획, 주차방식 등에 적합해야 한다.

-도심의 상업중심가(CBD; Central Business District)에 대지를 정하는 것이 좋다.

-대지의 경제성, 주변환경의 성격, 계획하려는 사무소에 적합한 규모를 고려하여 입지를 결정해야 한다.

-도심의 외곽에 위치할 경우에 지가가 저렴하여 주차장 등의 목적으로 사용할 수 있는 여유공간을 넓게 확보할 수 있다.

-사무소 대실자들의 실무와 연계된 기관들의 근처에 사무소가 배치되어야 한다.

-회사의 성격, 업무의 기능과 흐름을 고려하여 사무소의 위치가 선정되어야 한다.

(2) 도로와 대지의 관계

-도로는 가능한 2면 이상에 면한 도로가 동선 및 피난 계획에 이상적이며 고층사무소인 경우는 대체로 20m 이상 도로와 면하는 것이 이상적이고 최소한 6m이상 도로에 면한 대지가 적합하다.

-2면 도로 중 한쪽 도로가 좁을 경우 그 도로 폭의 1.5배에 해당하는 건물의 높이제한을 받는다는 점을 고려해야 한다.

-도로를 통한 대지로의 접근과 주차가 편리해야 한다.

-대지는 전면도로에 길게 접한 직사각형에 가까운 형태가 좋다.

6.3. 평면 계획

(1) 모듈 계획(modular planning)

1) 모듈

-인체치수, 동작치수, 사무기기의 조작 범위에 따라 모듈이 결정된다.

-사무 공간의 기본 모듈은 보통 1.5m×1.5m 또는 1.6m×1.6m를 기준으로 한다.

-실의 단위 모듈은 일반적으로 위의 기본 모듈 4개가 모인 3.0m×3.0m 또는 3.2m×3.2m를 적용한다.

-창문의 모듈 치수에 맞추어 경간(span)을 산정한다.

-실의 크기는 모듈의 배수로 산정한다.

2) 경간(span)

-사무소의 사용목적, 실 크기, 채광상 층고에 대한 실 깊이, 가구 배치 단위, 구조, 공법, 지하 주차장의 주차배치 단위 등을 고려하여 경간을 정한다.

-대개 사무실 폭은 최소 3.0~3.6m, 깊이는 층고의 2.0~2.5배 정도가 적당하다.

-스프링클러 등의 설비물들을 균일하게 배치하기 위해 격자(grid)식 계획 모듈을 선택하여 경간을 정한다.

-경간 계획시 자유롭게 칸막이를 설치하여 융통적인 공간 레이아웃이 이루어지게끔 한다.

-철근 콘크리트 구조는 5~6m, 철골·철근 콘크리트 구조는 6~7m, 철골구조는 7~9m 정도가 구조적으로 적합한 경간이다.

3) 책상 배치단위

-사무공간의 책상배치는 모듈과 경간을 결정하는 기준이 되는데 그 배치단위는 다음과 같다.

표 6.1. 책상 배치단위

배치단위	특징
4조 직렬	▪ 4.15㎡/인을 기준으로 하는 배치 형식으로 일반사무실의 책생배치 표준이다. ▪ 사무능률 및 1인에 대한 책상면적에 적합하다.
3조 직렬	▪ 4.47㎡/인을 기준으로하는 배치단위로 경간이 적은 사무소에 적용되는 유형이다. ▪ 바닥면적의 증감이 어려운 책상배치유형이다.
2조 직렬	▪ 5.28㎡/인을 기준으로하는 배치단위로 특수 업무에 적용되는 배치유형이다.

4) 키 테이블(Key-Table)

-사무소의 모듈은 사무소의 기능, 규모, 형태, 구조, 설비 등 다양한 요소와 단위 조합에 따라 다양하다.

-기본 모듈을 바탕으로 다양한 조건에 적합한 모듈정합하는데 사용하는 모듈을 키 테이블(Key Table)이라고 한다.

-다음 그림은 각각 3m×3m, 3.2m×3.2m, 3.6m×3.6m 기본모듈을 바탕으로 모듈정합을 하여 사무실의 공간을 계획한 사례이다.

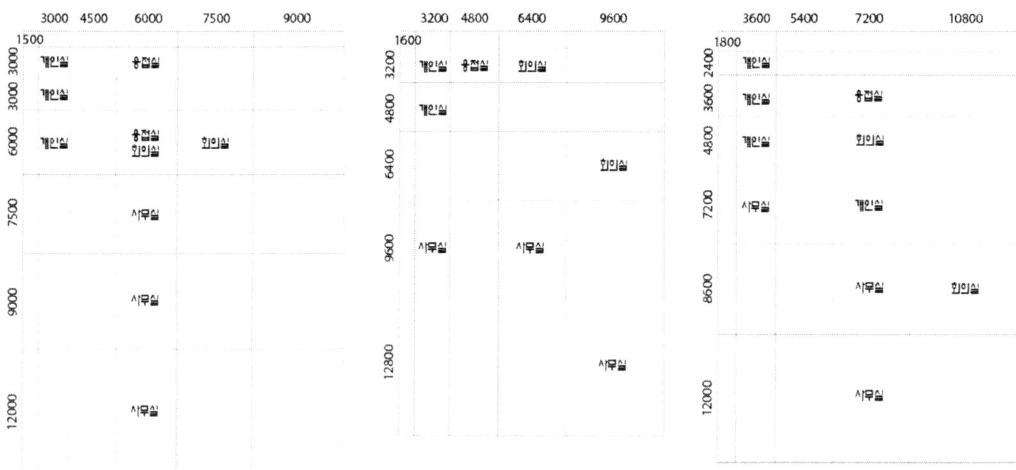

그림 6.1. 키 테이블을 이용한 공간 구성 사례 (좌: 3.0m×3.0m, 중: 3.2m×3.2m, 우: 3.6m×3.6m)

(2) 코어(core) 계획

-코어(core)는 사무소 공간의 유효 면적을 확보하기 위해 기준층을 포함한 각 층의 서비스, 교통, 설비 등 공용부분을 집약하여 구성한 공간으로 사무소의 기능, 성격, 평면형태, 규모, 구조 및 설비 방식에 따라 코어의 규모와 위치가 결정된다.

-코어에는 계단실, 엘리베이터, 슈트(chute), 통로 및 홀, 파이프 덕트(pipe duct), 공기조화실, 화장실 등이 집약된다.

-화장실은 외부 방문자가 쉽게 찾을 수 있는 위치에 배치시키되 건물 출입구의 홀이나 복도에서 그 안이 보이지 않도록 한다.

-코어 내의 엘리베이터, 계단, 화장실은 최대한 근접하여 배치시킨다.

-코어는 각 층마다 평면상 동일 위치에 배치하여 설비물의 설치와 관리를 용이하게 하고 2차적인 구조체 역할을 하도록 한다.

-코어와 각 개별 사무실 사이의 동선은 간결하게 구성한다.

-코어의 유형별 특징은 다음과 같다.

표 6.2. 코어의 유형과 특징

유형	특징
편심형 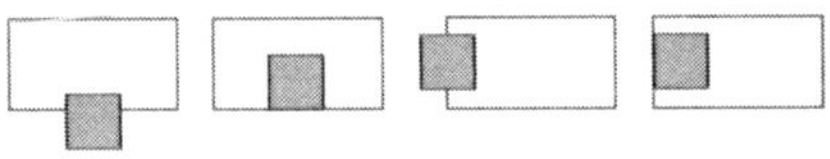	▸ 기준층 바닥면적이 작은 경우에 적합한 유형이다. ▸ 바닥면적이 일정 규모 이상으로 증가하면 코어 이외의 공간에 피난 계단 및 설비용 샤프트 등을 설치한다. ▸ 고층 사무소에는 적합하지 않은 유형이다.
독립형 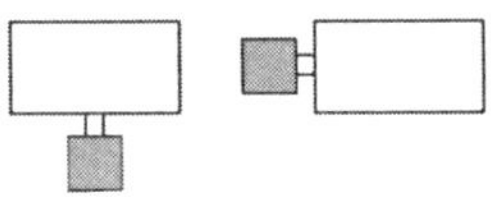	▸ 편심형과 거의 유사하다. ▸ 사무공간의 가변적 융통성이 높다. ▸ 설비 및 배관이 길어져 코어에서 사무공간으로 연결하는데 제약이 많다. ▸ 방재상 불리하고 바닥면적이 증가하면 피난 시설을 수용할 수 있는 부수적 코어가 필요하다.
중심형 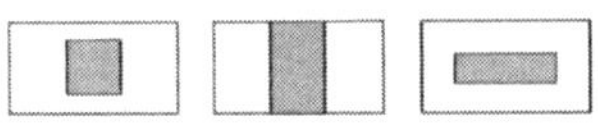	▸ 바닥면적이 큰 중 · 고층 사무소에 적합한 유형이다. ▸ 코어가 구조적으로 가장 안정적이다. ▸ 임대사무소의 유효율이 높아서 경제성을 높일 수 있다. ▸ 내부공간과 외관이 모두 획일적으로 계획될 수 있다.
이중 코어형 (분리형) 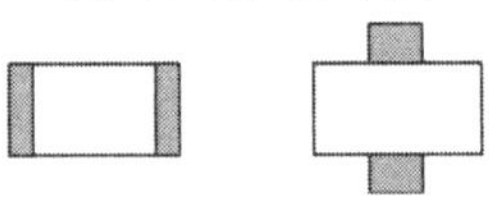	▸ 양측 채광이나 통풍이 요구되는 대규모 전용사무실에 적합하다. ▸ 2방향 피난에 이상적이어서 방재상 유리하다. ▸ 코어로부터 사무실로 이어지는 수평동선이 길어질 우려가 있다.
기타 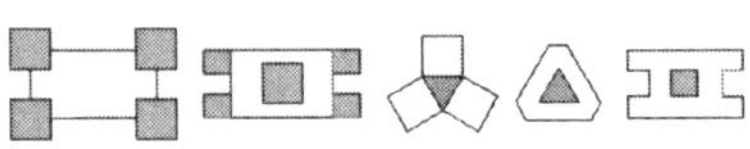 a b c d e	▸a, b는 분산 코어형으로 방재상 유리하다. ▸c, d, e는 중심코어형의 변형으로 구조의 시공비용이 높다. ▸e는 대규모 사무소 공간을 분할해서 계획할 경우에 적합하다.

(3) 복도형식에 따른 평면형

표 6.3. 복도형식에 따른 공간구성 특징

복도형식	특징
단일 지역 배치형(Single Zone Layout, 편복도식) 	▪ 복도 한쪽에만 사무실을 배치한 유형이다. ▪ 비교적 높은 공사비용이 요구된다. ▪ 경제성은 떨어지지만 채광과 환기에 유리하다.
2중 지역 배치형(Double Zone Layout, 중복도식) 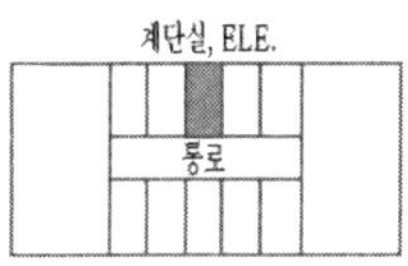	▪ 중형 사무소 건축물에 적합한 유형이다. ▪ 중앙 코어의 주계단이나 부계단을 통해 각 사무실로 출입한다. ▪ 사무실을 동•서 방향으로 배치시킨다.
3중 지역 배치형(Triple Zone Layout, 2중 복도식) 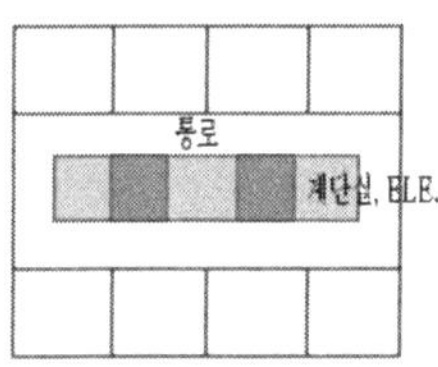	▪ 고층 사무소에 적합한 유형이다. ▪ 구조적으로 안정적이고 경제적인 이점이 있다. ▪ 일반적으로 모든 계단과 설비가 사무소 내부 지역으로 배치된다. ▪ 사무소 내부지역에 인공조명과 기계환기설비가 필요하다. ▪ 사무실은 외벽을 따라 배치된다.

(4) 기준층 평면

1) 평면형 결정요인

① **경간(span)**

② **동선상의 거리**

③ **피난거리**

④ **방화구획**

⑤ **설비 및 채광조건**

2) 계획지침

-적절한 경간과 코어 설계로 경제성과 기능성을 향상시킨다.

-종업원 수, 주차대수, 방화구획, 피난거리, 동선 등을 고려하여 기준층을 결정한다.

-스프링클러 등의 설비물, 지하주차장, 책상, 칸막이벽 등의 배치를 위해 모듈정합(modular coordination)에 따라 설계한다.

(5) 개실형과 개방형 평면

1) 개실(Individual room, 個室)형

-복도를 통해 각 층의 여러 개실로 들어가는 유형이다.

-독립성이 높고 쾌적하며 채광에 유리하다.

-실별로 벽체들을 설치해야 하므로 공사비가 높아진다.

-공간 길이에는 변화를 줄 수 있으나 공간 깊이에는 변화를 주기가 어렵다.

2) 개방(Open room)형

-공간이용의 효율이 높다.

-벽체 시공을 하지 않으므로 공사비가 싸진다.

-공간의 길이와 깊이에 변화를 줄 수 있다.

-공간을 가변적이고 융통성있게 구성할 수 있다.

-독립성이 결여되고 소음이 커질 우려가 있다.

(6) 오피스 랜드스케이핑 (office landscaping)

1) 개념

-개방형 평면의 일종으로 계급이나 서열이 아닌 의사전달과 작업 흐름(work flow)을 고려하여 공간을 능률적으로 배치하는 방식이다.

2) 유래

-1959년 독일에서 시작되어 1967년 미국에 소개되어 각국으로 전파되었다.

-천장까지 폐쇄된 고정 벽체를 제거하여 각 부서 사이의 경계를 여러 개의 화분으로 구획한 데서 "랜드스케이핑" 이란 말이 유래되었다.

3) 계획 원칙

-의사전달과 실질적 작업흐름에 기초하여 공간 및 가구를 배치 한다.

-서로 관련이 깊은 공간들을 근접하여 배치시킨다.

-고정 칸막이가 아니라 이동식 칸막이, 가구, 실내조경물 등으로 가변적인 공간을 구성한다.

-배치는 격자(grid) 패턴에 따르기 보다는 작업 특성에 따라 자유롭게 조닝(zoning)한다.

4) 특징

-변화하는 업무 흐름이나 작업패턴에 신속한 대응이 가능하다.

-칸막이벽 설치에 따른 공사비가 절약된다.

-공간의 효율이 좋고 작업능률이 향상된다.

-공간의 레이아웃이 용이하다.

-시각적, 청각적 프라이버시와 독립성이 결여되기 쉽고 소음이 발생하기 쉽다.

-업무분위기가 산만할 수 있다.

-작업에 대한 감독과 통제가 수월하다.

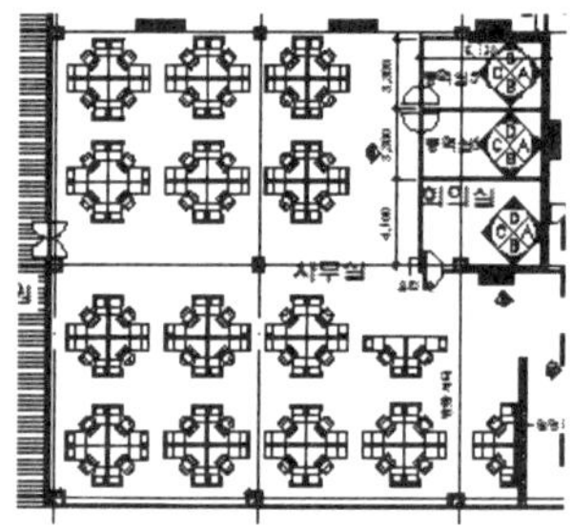

(7) 엘리베이터 평면

1) 엘리베이터의 배치

-엘리베이터는 주출입구와 홀에 근접시키고 동선은 짧고 간단하게 계획하는 것이 좋다.

-코어 계획시 엘리베이터는 되도록 중앙에 집중해서 배치한다.

-엘리베이터는 직선형으로 배치할 경우 4대 이하로 배치하는 것이 원칙이며 1개소에 연속해서 6대를 설치할 경우에는 복도를 사이에 두고 양측에 분리 설치한다.

-시각적으로 잘 보이는 위치에 배치하며, 승강거리는 짧게 계획하는 것이 효율적이다.

-엘리베이터의 규모는 정원의 50%가 탑승하는 것으로 산정하고 적당한 규모의 홀을 계획해야 하는데 홀의 규모는 0.5~0.8㎡/인으로 산정한다.

-엘리베이터 내의 이용자 1인이 차지하는 면적은 0.18㎡/1인, 안내원이 차지하는 면적은 0.37㎡/1인이며, 엘리베이터 사용인원은 유효임대면적에 대한 1인당 점유면적인 5~12㎡/인 (평균 8㎡/인)을 기준으로 산정한다.

-5대 이하의 엘리베이터는 직선으로 배치하고, 6대 이상의 엘리베이터는 대면형이나 알코브형으로 배치하는 것이 좋다.

2) 배치유형

표 6.4. 엘리베이터의 배치유형

배치유형	특징
직선형 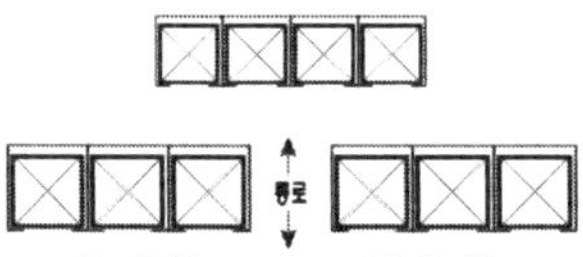 고층행 저층행	■ 1뱅크(bank)는 4대 이하로 일렬배치한다.
알코브(Alcove)형 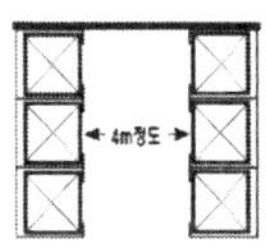	■ 1뱅크(bank)는 4~6대로 한다. ■ 대면거리는 4m 정도(3.5~4.5m)가 적당하다. ■ 대면거리 6m이상의 알코브는 너무 넓어서 피하는 것이 좋다.
대면형 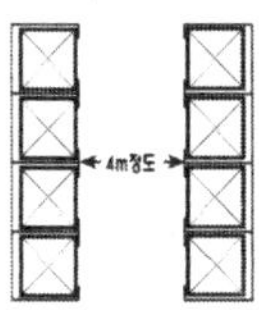	■ 1뱅크(bank)는 4~8대의 대면배치로 한다. ■ 대면거리는 4m정도(3.5~4.5m)가 적당하다. ■ 홀이 통로로 사용되어서는 안된다. ■ 저층용과 고층용을 직선으로 병렬배치한다.
혼합형 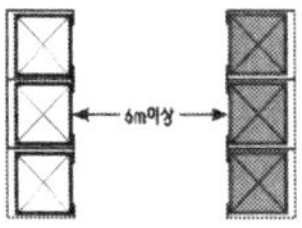	■ 저층용과 고층용을 대면배치할 경우에는 대면거리를 충분히(6m이상) 확보한다.

6.4. 단면 계획

(1) 층고 계획

-사무소의 천장높이는 하부층의 바닥 슬래브부터 상부층 보 및 덕트 높이를 제외한 천장/반자까지의 높이를 말한다.

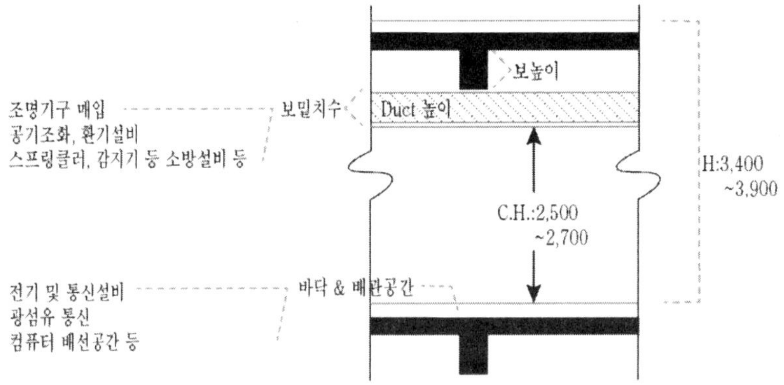

그림 6.2. 기준층 구성과 높이(층고(H), 천장높이(C.H))

-층고(층높이)는 사용목적, 채광률, 천장높이, 슬래브와 천장사이 공간의 규모에 의해 결정됨에도 불구하고 층 높이는 구조적으로 가능한 낮도록 계획하는 것이 좋다.

-일반적으로 층 높이와 깊이의 관계는 깊이가 얕을수록 채광이 충분하기 때문에 "L(깊이)/H(층높이) = 2" 의 비율을 유지하는 것이 표준이다.

-사무소의 단면상 층고는 일반적으로 지하층, 1층과 중이층, 기준층, 최상층 등 5개 부분으로 구분하여 다음과 같은 기준으로 정한다.

표 6.5. 층별 층고의 일반적 기준

층 구분	기준 층고
지하층	기계실, 주차장 등을 고려하여 3.5~3.8m(보일러실과 같은 중요한 실이 없는 경우)가 적당하다.
1층	일반적으로 4~4.5m정도로 한다.
중이층	중이층으로 설계할 때는 1층 높이를 5.6m~6.6m로 하되 소형사무실인 경우에는 2.7~3m로 한다.
기준층	3.3~4m정도가 적당하다.
최상층	최상층은 옥상으로부터의 단열 및 옥상 슬래브의 물매를 고려하여 3.3m이상으로 한다.

(2) 조닝(zoning)

1) 기능별 조닝

-건축에서 조닝이란 공간을 사용용도나 법적 규제에 따라 기능별로 나누어 배치하는 것을 말

한다. 그런데 공간이라는 것은 매우 포괄적인 것에서부터 매우 세부적인 것까지 상대적인 개념으로 분류할 수 있기 때문에 분야별로 조닝 자체도 기준에 따라 상대적이다.

-아래 그림은 단면 계획상의 조닝 사례로서 공간 기능이 다른 전용사무소와 임대사무소의 조닝 패턴이 서로 다르다는 것을 보여준다.

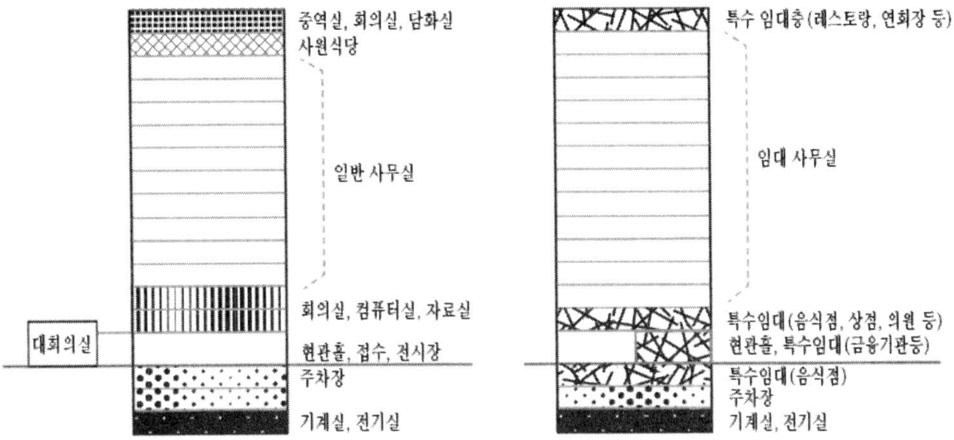

그림 6.3. 전용사무소(좌)와 임대사무소(우)의 단면상 조닝 사례

① **지하층**

-반출입창고, 관리실, 라커, 주차장, 기계실 등이 배치된다.

② **기계실층**

-난방 및 공기조화용 설비가 상향식이면 지하층, 하향식이면 최상층에 기계실을 두거나 지하층과 최상층에 모두 기계실을 두기도 한다.

③ **대실층**

-대실층(임대사무실층)은 앰대 수익을 발생시키는 중요한 층으로서 어떠한 종류의 사무실이 입주하더라도 잘 적응할 수 있는 구조와 설비를 갖추어야 한다.

-임대사무소의 경우에 일반적으로 대여면적은 약 70%(55~85%), 서비스면적은 약 30%(15~45%)로 한다.

2) 엘리베이터의 조닝

① **전통적인 조닝방식 (conventional zoning system)**

-일반으로 많이 사용하는 방식이다.

-6~10층(평균 8층)이 한 구역(zone)을 이루어 엘리베이터가 운행되는 방식이다.

-각 운행 구역(zone)의 접점에서는 1층이 겹쳐진다.

-엘리베이터 운행 구역별로 용도가 다른 공간이 배치된 고층 건물에 적합한 형식이다.

-60층 이하 규모의 사무소에 적합하고 그 이상의 층수에는 구역의 분할 수가 많아져 공간 이용 효율이 저하된다.

② **더블데크방식 (double deck system)**

-동일 샤프트 내에 상하로 2대의 엘리베이터를 배치하는 방식이다.

-2층형 엘리베이터의 구성으로 수용 및 수송력이 향상된다.

-상하층의 층고를 동일하게 계획해야하는 단면상의 제약이 있다.

③ **스카이 로비 방식 (sky lobby system)**

-건물의 중간에 스카이 로비를 만들고 출발 층에서 스카이 로비층까지 고속의 대형엘리베이터를 운행하고 스카이로비에서 일반 엘리베이터로 갈아타는 방식이다.

-보편적으로 70~100층 정도의 초고층 사무소에 채용되는 방식이다.

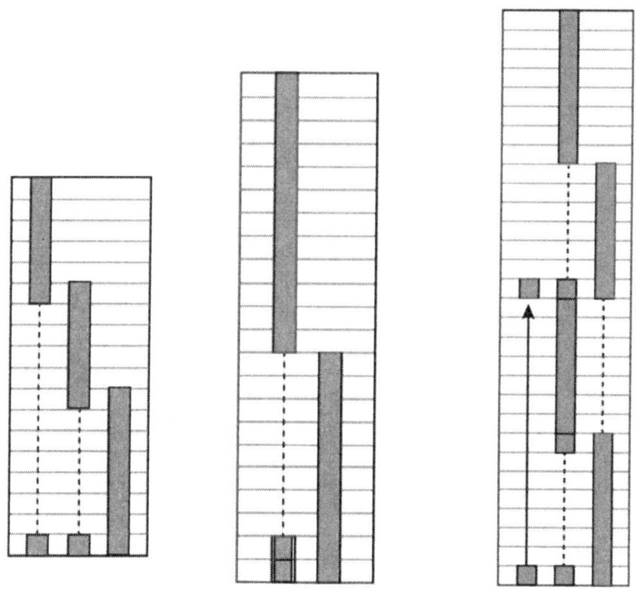

(a)전통적 조닝 방식 (b) 더블데크 방식 (c) 스카이 로비 방식

그림 6.4. 엘리베이터 단면상 조닝 방식의 개념도

6.5. 세부 계획

(1) 복도

-보통 복도 폭은 편복도인 경우 2m, 중복도인 경우는 2~2.5m 정도로 한다.

-엘리베이터가 양쪽에 있는 경우에 복도폭은 4m정도가 적당하다.

(2) 계단

-사무소에서 계단은 동선이 간단명료하도록 하고 엘리베이터와 홀에 근접시키고 각 층의 동

일한 위치에 배치하는 것이 좋다.

-방화구획 내에는 1개 이상의 계단을 설치한다.

-계단은 2개소 이상 구비한다.

-계단의 부위별 치수는 다음과 같이 계획한다.

표 6.6. 계단의 부위별 표준 치수

부위	치수
계단 폭	1.2m 이상
단 너비(T)	25cm < T < 30cm
단 높이(R)	15cm< R <20cm
여기서, T + R = 45cm가 적합하다.	

-피난계단은 소규모 사무소를 제외하고는 2개소 이상을 각 층의 양단에 설치한다.

(3) 사무실

1) 사무실 깊이(L)

-외측에 면한 사무실의 층고(H)에 대한 깊이(L)의 비율(L/H)은 2~2.4로 한다.

-채광이 정측에 면하는 실내인 경우는 L/H = 0.5~2.0 비율을 유지하는 것이 좋다.

2) 사무실 전면 폭

-사무실의 전면 폭은 일반적으로 경간의 배수로 정한다.

-경간은 철근콘크리트 구조일 경우는 5~6m, 철골·철근콘크리트 구조일 경우는 6~7m, 철골 구조일 경우에는 7~9m가 적합하다.

-사무소의 규모나 기능 및 구조방식에 따라 경간을 결정하는 것이 이상적이다.

3) 채광계획

-사무실의 유효 채광면적은 사무 공간 바닥면적의 1/10이상이 적합하다.

-창문 폭은 1~1.5m정도가 적당하다.

-창대 높이는 보통 0.75~0.8m(고층인 경우에 0.85~0.9m)로 한다.

-실내의 조도는 충분히 높고 전반에 걸쳐 균일해야 한다.

-인공조명의 광운은 눈부심이 없도록 휘도를 낮게 한다.

4) 경간

-기준층 평면 결정에 가장 기본적이 요소로 효율적인 책상배열에 따라 결정된다.

-책상배열과 지하주차장의 차량 회전반경을 고려하면 약 6m(5.8m~6.2m)가 기능적, 구조적으로 적절한 경간이다.

5) 출입구

-출입문 폭은 85~100cm 정도(외여닫이: 75cm이상, 쌍여닫이: 150cm이상)로 한다.

-출입구 높이는 1.8~2.1m로 한다.

(4) 화장실

-각 층마다 공통된 위치에 설치하는 것이 구조 및 설비적 측면에서 유리하며 보통 코어 내에 위치시킨다.

-환기 상 문제로 외부에 접하는 위치가 양호하며 그렇지 못할 경우 충분한 환기장치를 설치한다.

-남녀별로 구분하고 필히 전실을 계획해야 한다.

-복도를 사이에 두고 사무실과 서로 마주보고 있지 않도록 배치한다.

-남자용의 경우 세면소와 화장실을 구분한다.

-변기 수 산정은 계절, 용도, 난방의 정도에 따라 다르나 가을에 사용빈도가 높아서 가을철 사용빈도를 산출기준으로 삼는다.

-남자용과 여자용의 비율은 4:1 남자용 대변기와 소변기의 비율은 4:5정도로 하는 것이 바람직하고 세면기는 대변기 수와 동일한 비율로 하는 것이 보편적이다.

표 6.7. 화장실 산출기준(1대 : 대소변기 포함)

구분	수용인원	기준층 바닥면적	임대면적
중규모 이하	15명/대	180㎡/대	120㎡/대
중규모 이상	17~24명/대	300㎡/대	200㎡/대

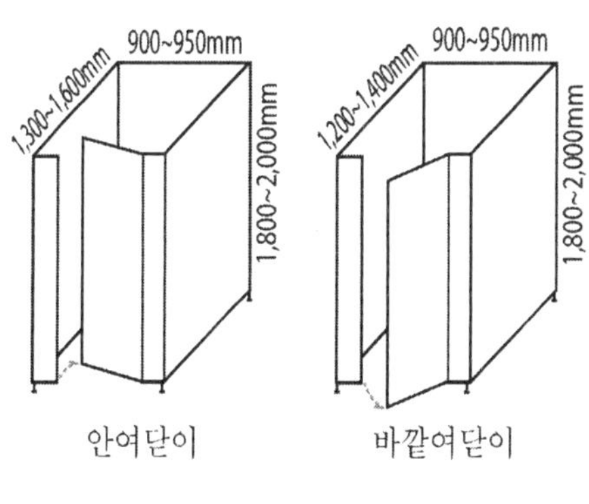

그림 6.5. 큐비클 칸막이 규모

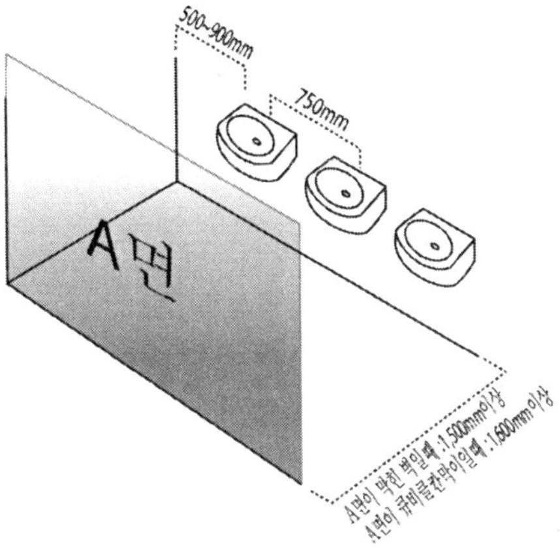

그림 6.6. 세면기 설치 간격

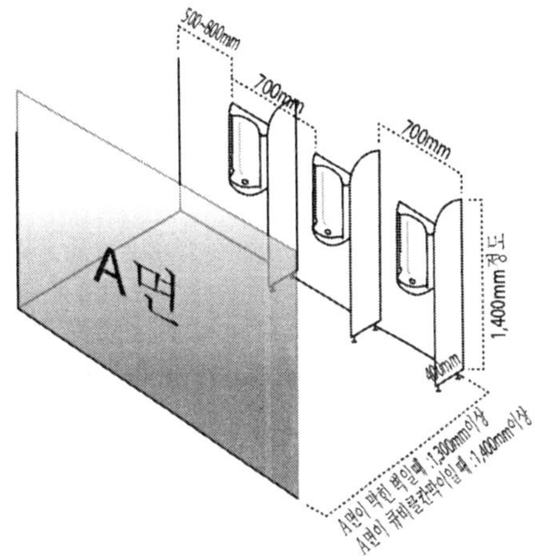

그림 6.7. 소변기 설치 간격

(5) 급탕실

-급탕실 위치는 가능한 평면상 중심이나 중심에 근접한 위치에 배치하는 것이 양호하나 코어 근처에 설치하는 경우가 많다.

-급탕실 규모는 보편적으로 6~9㎡가 적당하며 저탕식인 경우에 1인 1일 0.18리터 정도의 사용을 기준으로 한다.

-잡용실은 오수를 청소하기 위한 용구의 수납공간으로 슬롭 싱크(Slop sink)등의 설비시설이 필요하고 규모는 3~5㎡가 적합하고 청소원실과 함께 근접 배치시킨다.

(6) 급배수실

-급배수용 파이트 샤프트는 화장실에 가깝게 설치하여 점검이 가능하게 하고 급배수용 전기 파이프 샤프트는 따로 설치하고 이들 합계 면적은 바닥면적의 0.7~0.9%가 표준이다.

표 6.8. 연면적별 급배수 위생설비 면적

전체연면적(㎡)	1,000	3,000	5,000	10,000	30,000	40,000	60,000
펌프실(㎡)	23	30	38	50	60	130	180
옥상구조(㎡)	14	20	25	35	50	80	110

(7) 전기실

-보통 전기실은 지하층에 그룹화 하여 배치하는 경우가 보편적이다. 그러나 5,000㎡이하의 소규모 건축물에서 대지에 여유가 있을 때는 정방형으로 수변전 설비를 옥외에 설치하는 경우

도 있다.

-수변전실이 연면적 10,000㎡이하일 때는 보 밑 유효높이를 3m로 하지만 10,000㎡이상일 경우는 특별 고압수전으로 할 경우가 많아 5m 이상으로 계획하는 것이 원칙이다.

-발전기실은 비상시 전원으로 디젤 발전기의 전격출력까지 도달할 수 있을 때까지 전원으로 사용된다. 따라서 발전시설이 있는 경우에도 축전시설이 필요하다.

표 6.9. 연면적별 전기실 면적

전체연면적(㎡)	1,000	2,000	5,000	10,000	20,000
수변전실	-	40	70	130	250
발전기실	-	-	20	35	35
축전지실	8	13	15	20	25

(8) 스모크 타워(smoke tower, 배연탑)

-화재시 계단이 굴뚝처럼 작용하는 것을 방지하는 기능을 한다.

-화재시 연기를 배출시키기 위해 비상계단의 전실에 설치한 샤프트를 의미한다.

-화재시 연기로부터 계단으로 탈출하는 피난인들을 보호하는 기능을 한다.

-전실 천장은 가급적 높게 하고 전실 창문과 별도로 배연탑의 설치가 필요하다.

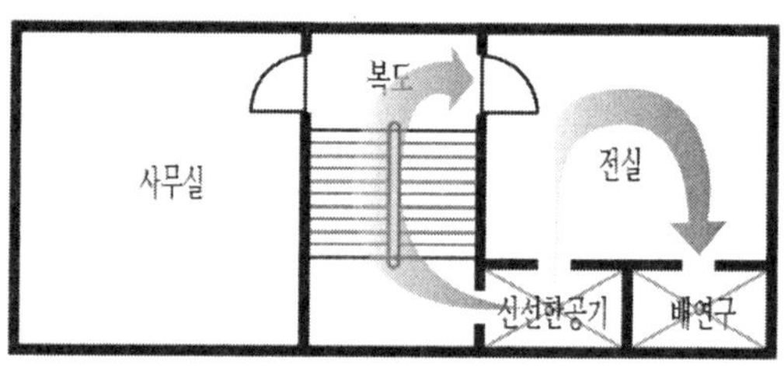

그림 6.8. 스모크타워 평면의 예

(9) 방재실

-사무소의 경비, 보안 및 건축물 관리기능을 겸하도록 계획하고 위치는 방화상 안전하고 외부로부터 출입이 용이한 곳에 배치한다.

(10) 기계실

-난방 및 공기 조화의 배관설비방식에 따라 위치가 결정되는데 상향식 시스템일 경우는 지하층에 있는 것이 양호하고 하향식 시스템일 경우는 기계실이 최상층이나 최하층에 위치하는 것이 좋다.

(11) 보일러실

-증기난방일 경우 연면적의 약 1.2% 규모로 산정하고 천장높이는 3~4m가 적당하다.

-송풍난방일 경우 연면적의 약 3% 규모로 산정하고 천장높이는 약 4.2m가 필요하다.

-공기조화장치는 연면적의 약 2.7 ~ 3.5% 규모로 산정한다.

-보일러실에는 2개소 이상의 출입구를 설치하고 이 중 1개소는 안여닫이로 하고 기구의 반출입에 대비해야 하며 보일러와 굴뚝 위치는 근접시키는 것이 좋다.

-냉동기는 심한 진동과 소음을 발생시키므로 진동 방지 장치를 설치한다.

(12) 엘리베이터

1) 대수 산정

$$N(\text{대수}) = \frac{\text{5분간실제운반해야할인원수}}{S} = \frac{\text{5분간실제운반해야할인원수}}{\left(\frac{\text{60초} \times \text{5분} \times \text{정원}(P)}{\text{일주시간}(T)}\right)}$$

여기서, S : 아침 출근 피크 시간 대 5분간 기준으로 1대의 엘리베이터가가 운반할 수 있는 인원수

2) 속도기준

- 저속은 50m/분, 중속은 50~105m/분, 고속은 120~150m/분의 속도를 갖추어야 한다.

(13) 주차장

1) 주차장 치수 및 규모

-차량 1대의 주차장 면적은 2.3m×5.5m 이상으로 한다.

-차량 내측 회전 반지름은 중형차일 경우 5.5m 이상, 소형차일 경우 4.6m가 필요하므로 경제적인 지하주차장의 경간(span)은 6m 정도로 한다.

-일반적으로 사무소의 주차장 면적은 통로를 포함하여 1대당 40~50㎡정도가 적당하다.

-직선형 차도 통로 폭은 차량 왕복 통행 시 6m이상, 일방통행일 경우는 3.5m이상 필요로 하며 종단 기울기는 17% 이하여야 한다.

-곡선형 차도 통로 폭은 1차선일 경우 3.6m이상, 2차선일 경우는 6.5m이상 되어야 하며 종단 기울기는 14% 이하여야 한다. 굴곡부는 5m이상의 내변 반지름으로 회전 가능하도록 하며 경사로 양측 벽면으로부터 30Cm의 거리에 높이 10~25Cm의 연석을 설치해야 한다.

-주차대수 50대수 이상인 경우 경사로는 너비 6m 이상인 2차선 차로를 확보하거나 진출입 차로를 분리해야 한다.

-주차대수 499대 이상일 경우 출구와 입구를 분리해야 하고 차로부분의 높이는 2.3m이상, 주차부분 높이는 2.1m이상 확보해야 한다.

2) 주차방식(Parking system)

① 자주식 시스템(motorized system)

-연속적 운행이 가능하며 비교적 단시간에 다수 차량주차가 가능한 유형이다.

-지하주차일 경우 차량 진출입을 위한 대규모 경사로가 필요하며 운행 통로의 확보가 요구된다.

-효율적인 주차 배치를 위해 기둥간격, 계단, 엘리베이터 등의 위치 등을 결정하는데 제약이 많다.

표 6.10. 자주식 시스템의 주차방식에 따른 소요면적

주차방식	대당 점유면적(A)	통로면적(B)	대당 소요면적($\frac{2A+B}{2}$)
직각 주차	16.8㎡	20.9㎡	27.2㎡
60도 주차	20.4㎡	19.4㎡	30.1㎡
45도 주차	23.7㎡	18.4㎡	32.9㎡
평행주차	20.6㎡	45.0㎡	43.1㎡

-직각 주차는 1대당 점유면적이 16.8㎡로 가장 경제적인 주차방식으로 통로면적과 1대당 소요면적이 작아 보편적으로 많이 사용된다.

-평행 주차는 1대당 소요면적이 43.1㎡으로 가장 많이 차지하는 방식이며 주차대수가 작고, 주차장 폭이 좁을 때 주로 사용한다.

-60도 주차는 직각주차를 하기에 통로폭이 좁을 때 쓰는 형식으로 1대당 소요면적이 30.1㎡로 경제적이며 주차운전시 편리한 유형이다.

-45도 주차는 대당 점유면적이 23.7㎡로 불필요한 공간이 많이 요구되어 지하 주차방식에는 가능한 사용을 제한하는 경우가 많다.

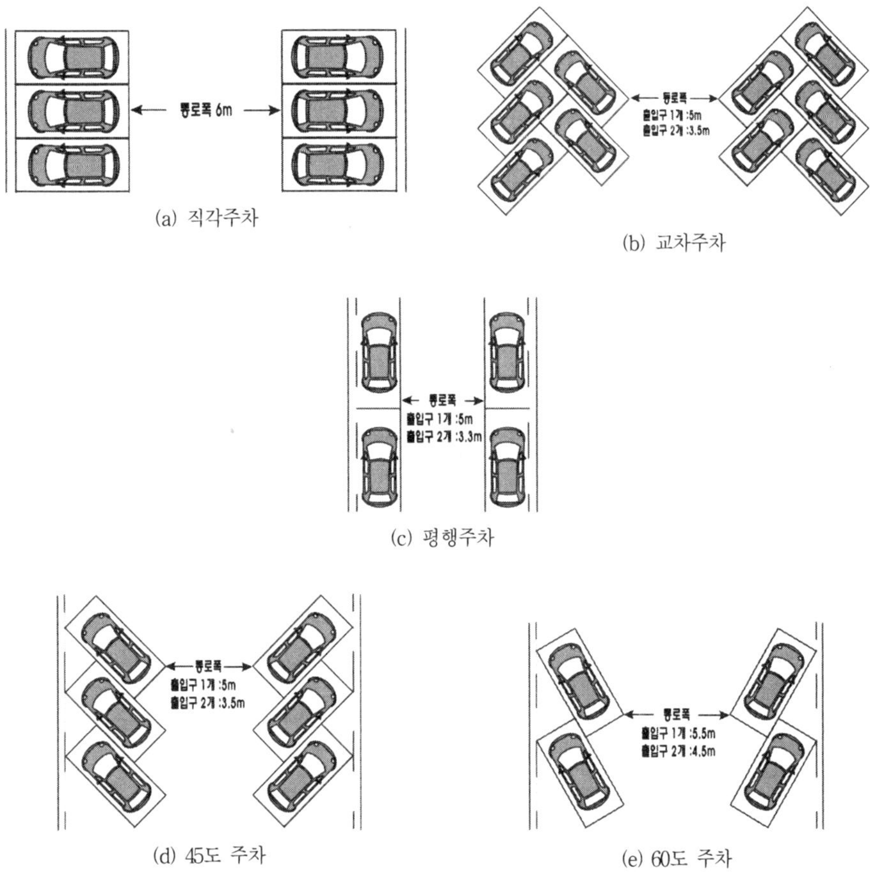

그림 6.9. 자주식 시스템의 주차방식별 통로 폭

② 반자주식 시스템(semi-motorized system)

- 엘리베이터로 주차장 층까지 차량을 운반하는 형식으로 불연속 운행으로 인해 소규모 주차장에 적합하다.

③ 기계식 시스템(mechanical system)

- 평면적으로 통로와 주차면적 최소화가 가능하고 입체적으로 최저높이 주차공간계획이 가능하다.

- 기계식 순환으로 고장시 안전성이 부족하고 소음이 많이 발생한다.

- 차량 진출입시간이 많이 소요되고 막대한 기계설비 설치에 많은 설치비와 관리비가 요구된다.

OX 퀴즈

1. 사무소 건축의 3중 지역배치는 구조적으로 안정적이고 고층 사무실에 적합하다. ☐
2. 사무소의 단일 지역배치(편복도)형은 채광과 환기에 유리한 형식이다. ☐
3. 사무소 건축에서 유효율이란 연면적에 대한 건축면적의 비율을 말한다. ☐
4. 2중 지역배치식 사무소는 경제적이고 구저적인 견지에서 많은 이점이 있다. ☐
5. 사무소의 코어 유형 중 구조적으로 가장 안정적인 형식으로 바닥면적이 큰 경우에 많이 사용되는 코어 형식은 중심 코어형이다. ☐
6. 사무소 건물의 코어형식 중 편심 코어형은 바닥 면적이 작은 경우에 많이 사용한다. ☐
7. 오피스 랜드 스케이핑의 장점은 공간이용 효율과 사무능률을 향상시킬 수 있고 프라이버시 확보에 유리하다는 것이다. ☐
8. 사무소건축의 관리상 분류에 있어서 정부종합청사는 준전용 사무소 성격을 갖는다. ☐
9. 개실형 평면의 사무소는 개방형 평면의 사무소에 비해 독립성과 쾌적성이 좋다. ☐
10. 개방형 평면의 사무소는 개실형 평면의 사무소에 비해 공사비가 높다. ☐
11. 개실형 사무실에서는 방길이에 변화를 줄 수 있느나 방깊이에 변화를 주기 힘들다. ☐
12. 개실형 시스템은 복도에 의해 각층의 각 부분으로 들어가는 형식이다. ☐
13. 개방형 사무실은 낮은 가변 칸막이를 성치라여 최소한의 독립성을 추구할 수 있다. ☐
14. 개방형 사무실은 가변성이 용이하나 의사 전달과 작업 흐름이 원활하지 못하다. ☐
15. 오피스 랜드스케이핑은 커뮤니케이션 작업 흐름에 기초하여 공간을 배치한다. ☐
16. 오피스 랜드스케이핑의 단점은 변화하는 작업패턴에 따른 신속한 대응이 어렵다는 것이다. ☐
17. 오피스 랜드 스케이핑은 개방식 배치의 한 형식이다. ☐

18. 오피스 랜드스케이핑은 공간이용 효율이 떨어지는 단점이 있다.

19. 오피스 랜드스케이핑은 커뮤니케이션의 융통성이 있다.

20. 양측 코어는 피난이 어려워 방재상 불리하다.

21. 코어 내의 엘리베이터, 계단, 화장실은 최대한 근접하여 배치시킨다.

22. 코어는 수직교통과 설비시설이 집약된 곳이므로 구조체의 역할은 하지 못한다.

23. 코어는 각 층마다 평면상 다른 위치에 배치하여 공간의 다양성을 꾀한다.

24. 코어 계획시 엘리베이터는 되도록 중앙에 집중해서 배치한다.

25. 사무소의 지하 주차장은 경간(span)을 결정하는데 중요한 요소이다.

26. 사무소의 가구 배치 단위는 경간 결정과 무관한 요소이다.

27. 사무소의 대지는 전면도로에 길게 접한 직사각형에 가까운 형태가 좋다.

28. 지하층의 층고는 보일러실 등과 같은 중요한 실이 없는 경우에 4~4.5m의 층고가 적당하다.

29. 사무실 기준층의 층고는 5~6.5m의 층고가 적당하다.

30. 엘리베이터의 조닝방식 중에서 더블데크방식은 동일 샤프트 내에 상하로 2대의 엘리베이터를 배치하는 방식이다.

7 은행

7.1. 기본사항

정의
기능
유형

7.2. 대지 계획

대지 조건
대지의 형태와 방위

7.3. 평면 계획

소요 공간
규모 계획
동선 계획
평면형

7.4 세부 계획

은행실
영업장
자동화기기
금고실
기타 부속실
드라이브 인 뱅크

7.1. 기본 사항

(1) 정의

-은행은 금융기관들이 일반 대중이나 회사 등을 상대로 금융 업무를 수행하는 건축물로서 저축자의 예금 수입과 유가증권이나 채무증서 발행에 의해 자금을 획득하여 유통시키는 업무를 수행하는 기관이다.

(2) 기능

표 7.1. 은행 업무와 기능

주요업무	수신	예금	당좌예금, 보통예금, 통지예금, 정기예금, 별단예금
		어음	약속어음, 내국환(內國換), 외국환
		채권	차입금, 단기차입금, 당좌차월, 재할인어음
	여신(與信)	대부	어음대부, 증권대부, 당좌대부
		할인	상업어음 및 공업어음할인
		어음	내국환, 외국환
부수업무		대금징수	당좌대금, 타지점 대금징수, 신탁대금 징수
		유가증권업무	매매, 대차
		보증업무	신용장발행, 어음인수, 채권보증
		신탁업무	담보신탁업무, 추심대리, 주식배당지급대리
		보호예치	임대금고
		환전	내국환, 외국환

(3) 유형

표 7.2. 은행의 유형

통화금융기관	중앙은행	국가 경제의 전반적 분야를 다루는 은행 (예: 한국은행)
	특수은행	외환은행, 산업은행, 중소기업은행, 신탁은행, 주택은행, 국민은행
	일반은행	중앙은행이나 특수은행이 취급하는 업무 외에 일반인들의 예금 수신과 자금 대출을 취급하는 대부분의 은행
비통화금융기관	개발부문	한국수출입은행, 한국산업은행, 장기신용은행
	투자부문	투자금융회사, 증권금융회사, 투자신탁회사, 종합금융회사
	신탁부문	은행신탁, 상호신용, 신용협동
	보험부문	생명보험회사, 수출보험
	기타부문	증권회사, 신용보증기금, 신용관리기금

7.2. 대지 계획

(1) 대지 조건

-은행의 대지는 2면 도로 이상이 접하고 교통이 편리한 곳이 유리하다.

-폭이 넓은 도로가 만나는 모퉁이 부분에 위치한 대지가 접근성이 좋고 눈에 잘 띄므로 입지로 바람직하다.

-상업지역내 상점가나 번화가, 아파트단지 등과 같이 고객 밀집 지역과 가까운 곳이 좋다.

-향후 인구가 늘거나 지역개발이 일어날 수 있는 장래성이 유망한 곳이 유리하다.

-지가가 높은 대도시 번화가에 위치한 대지에 저층의 소규모 은행을 건축하면 비효율적이다.

(2) 대지의 형태와 방위

-대지의 형태는 정사각형이나 직사각형이 적합하며 부정형은 피하는 것이 좋다.

-폭에 비해 깊이가 깊은 형상이 건물의 배치와 평면계획에 유리하다.

-방위는 남향이나 동향이 좋고 동남방향의 가로모퉁이에 은행을 배치하는 것이 가장 이상적이다.

-은행이 서향일 경우에는 루버(louver)를 설치하여 일사를 조절한다.

7.3. 평면 계획

(1) 소요 공간

표 7.3. 은행의 소요공간

<table>
<tr><td rowspan="2">업무공간</td><td>영업장</td><td>업무공간, 일반 사무공간, 본부 사무공간, 응접실, 회의실, 집회실, 임원실, 집무실, 지점장실, 응접실, 대기실, 강당, 통제실, 통신관계실, 사무기계실 등</td></tr>
<tr><td>객장</td><td>대기공간, 현관, 방풍, 스크린, 라운지, 홀 등</td></tr>
<tr><td colspan="2">수장공간</td><td>금고(현금고, 증권고), 서고, 대금고, 전실, 감시공간, 창고</td></tr>
<tr><td colspan="2">직원공간</td><td>도서실, 직원로커실, 직원 탈의실 등</td></tr>
<tr><td colspan="2">교통공간</td><td>메인출입구(고객), 보조출입구(직원), 홀, 복도, 계단, 엘리베이터, 로비</td></tr>
<tr><td colspan="2">설비공간</td><td>전기실, 공조기계실, 보일러실, 펌프실, 물탱크실 등</td></tr>
<tr><td colspan="2">부속공간</td><td>식당, 주방, 배선실, 후생 및 복지관련실, 숙직실, 수위실, 경비실, 작업실,
주차장, 자전거 거치대</td></tr>
</table>

(2) 규모계획

1) 규모 결정요인

-은행의 규모를 결정하는 요인으로는 '직원수(행원수)', '내방고객 수', '고객서비스를 위한 시설규모', '장래 예비공간 및 예상 면적' 등이 있다.

2) 연면적 산정

-은행의 연면적은 다음의 공식에 따라 산정할 수 있다,

$$\text{연면적}(m^2) = \text{직원 수} \times 16\sim26m^2 = \text{은행실 면적} \times 1.5\sim3\text{배}$$

3) 은행실 면적

-영업장의 면적은 일반적으로 행원 1인당 10㎡ 정도가 요구된다.

-객장면적 = 1일 평균 고객수 × 0.13~0.2m2

(3) 동선계획

-고객의 공간과 업무공간과의 사이에는 원칙적으로 구분이 없어야하나 고객과 직원간의 동선이 중복되지 않도록 분리하여 계획하는 것이 바람직하다.

-고객의 동선은 최단거리로 계획한다.

-고층 은행 건물에서 객장은 1층에서 배치하는 것이 원칙이나 객장이 2층 이상의 층에 설치

될 경우에 객장에서 직접 통하는 계단이나 엘리베이터를 이용할 수 있도록 한다.

-직원 및 고객의 출입구는 따로 설치하며 현금 반출입 통로는 관계자외 출입을 금지하는 동시에 감시가 용이하도록 계획한다.

-일반적인 고객의 동선은 입구 → 번호표 → 전표기입 → 대기 → 접수(창구) → 업무완료 → 출구 순으로 이루어진다.

(4) 평면형

-은행 평면의 기본형은 행원의 업무공간(영업장)과 객장의 형태별로 다음과 같이 나타난다.

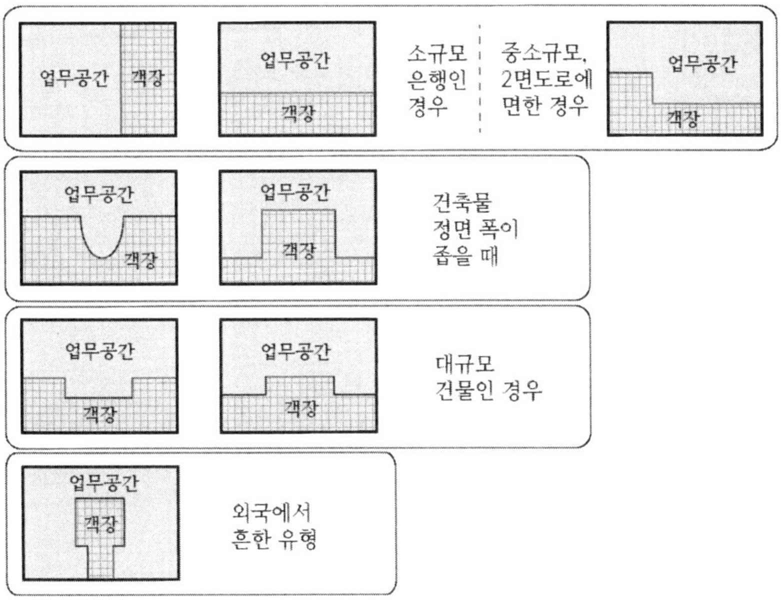

그림 7.1. 영업장과 객장의 형태에 따른 평면 유형

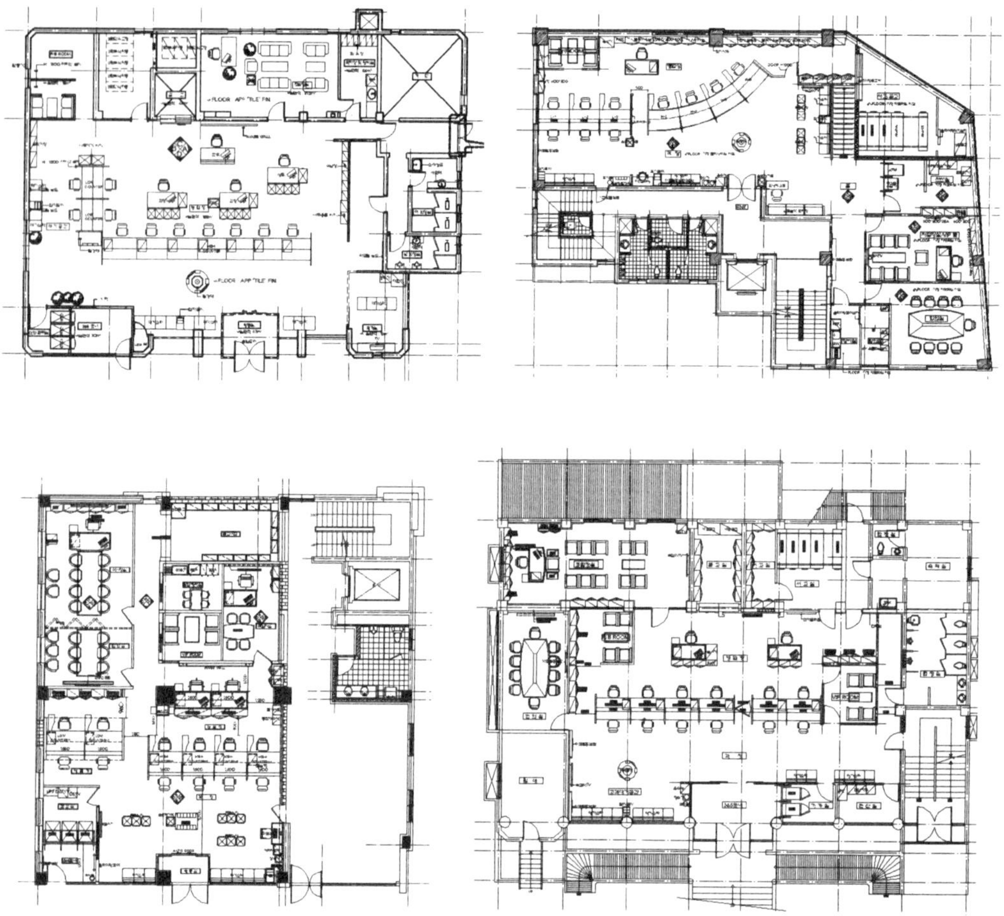

그림 7.2. 은행의 평면 사례

7.4. 세부계획

(1) 은행실

1) 주요 계획 지침

-은행건축의 가장 주요한 공간으로 출입구, 대기공간(객장), 카운터, 영업공간, 관리공간 등으로 구성된다.

-기둥 수가 적은 넓은 공간이 요구된다.

-일반적인 상점건축과 달리 심리적인 안정감을 부여하는 것이 중요하다.

-은행은 돈을 취급하는 관계로 고객은 타인의 시선을 피하고 특정 행원과만 상담하려는 고객

심리를 고려해야 한다.

-고객이 영업공간의 전체적인 분위기를 한눈에 볼 수 있도록 계획하는 것이 좋고 은행의 성격을 설정하여 계획한다.

-창구업무의 신속화를 우선으로 고려하여 고객 서비스를 능률적으로 대처할 수 있는 계획이 요구된다.

2) 주출입구

-예금창구의 정면에 출입구가 위치하지 않도록 하는 것이 좋다.

-도난방지와 겨울철 방풍을 대비해 이중문 및 방풍실(전실)이 필요하다.

-출입문의 유리는 전혀 보이지 않으면 안 되고 완전히 노출되는 것보다 어느 정도 은행 내·외부의 상태를 예측할 수 있을 정도로 개방적으로 처리하는 것이 좋다.

-전실을 둘 경우는 바깥문은 외여닫이 또는 자재문이나 회전문으로 계획하나 어린이 출입이 많은 곳은 회전문은 배제하는 것이 좋다.

-내부출입문은 도난방지를 대비해 안여닫이로 계획하는 것이 원칙이나 최근에는 자동문도 많이 사용된다.

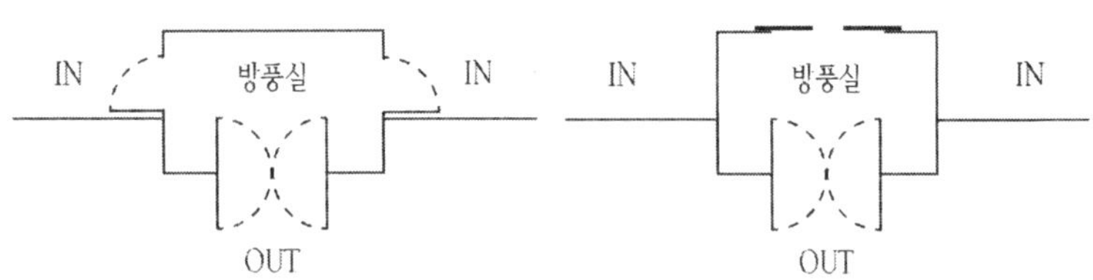

그림 7.3. 주 출입구 평면 유형

2) 고객대기실(객장)

-은행의 핵심 공간으로 카운터를 기준으로 고려해야하는 객장의 폭은 최소한 3.2m이상으로 한다.

-영업공간 대비 객장의 비율은 0.8~1.5 정도로 한다.

-번호표를 뽑은 후 대기 시 지루함이 없는 친숙한 분위기 연출과 동선 상 불편함이 없는 여유로운 공간 확보가 필요하다.

3) 카운터

-고객이 행원과 상담 및 업무를 수행하는 공간으로 대기공간과 영업공간의 경계를 이루는 가구이다.

-카운터를 개별 공간으로 다루어 계획하기도 한다.

-카운터 높이는 높은 쪽은 100~110cm으로 하고 낮은 쪽(영업공간 쪽)은 90~95cm로 한다.

-카운터의 폭은 60~75cm로 하고 1개 창구의 길이는 150~170,cm로 한다.

-카운터는 영업장과 객장의 공간변화로 영업장의 기능과 서로 대응하되 객장의 기능을 우선 고려하는 위치에서 결정하는 것이 좋다.

-카운터의 전면길이는 고객 수와 업무량을 예측하여 산출된 창구 직원수를 고려하여 정하는 것이 좋다.

(2) 영업장

-영업장은 행원이 카운터를 경계로 고객과 접하고 은행 업무를 처리하는 공간이다.

-가능한 개방하여 고객에게 신뢰감을 높일 수 있도록 계획하는 것이 중요하다.

-영업장의 천장높이는 5~7m로 한다.

-내부기둥을 최소화해 시각적으로 개방된 공간으로 연출한다.

-창구 직원 외에는 고객과의 접촉을 피하여 업무 능률을 높일 수 있도록 계획한다.

-영업장 면적은 은행건축의 규모를 결정하는데 중요한 요인으로 행원 1인당 10㎡(연면적은 약16~26㎡)이 요구된다.

-효율적인 업무환경을 위해 책상면의 조도는 300~400룩스(lux)가 좋다.

(3) 자동화기기

1) 규모

-자동화기기 1대당 2~6㎡ 이상의 면적(기계실 면적 제외)을 점유한다.

2) 배치유형

-자동화기기는 일반적으로 고객대기실에서 일반고객과의 동선을 분리하여 설치하고 주로 주출입구, 방풍실 부근, 영업실 내부에서 기기조작이 가능한 장소에 배치하는데 세부적인 배치

유형과 그 특성은 다음 그림과 같다.

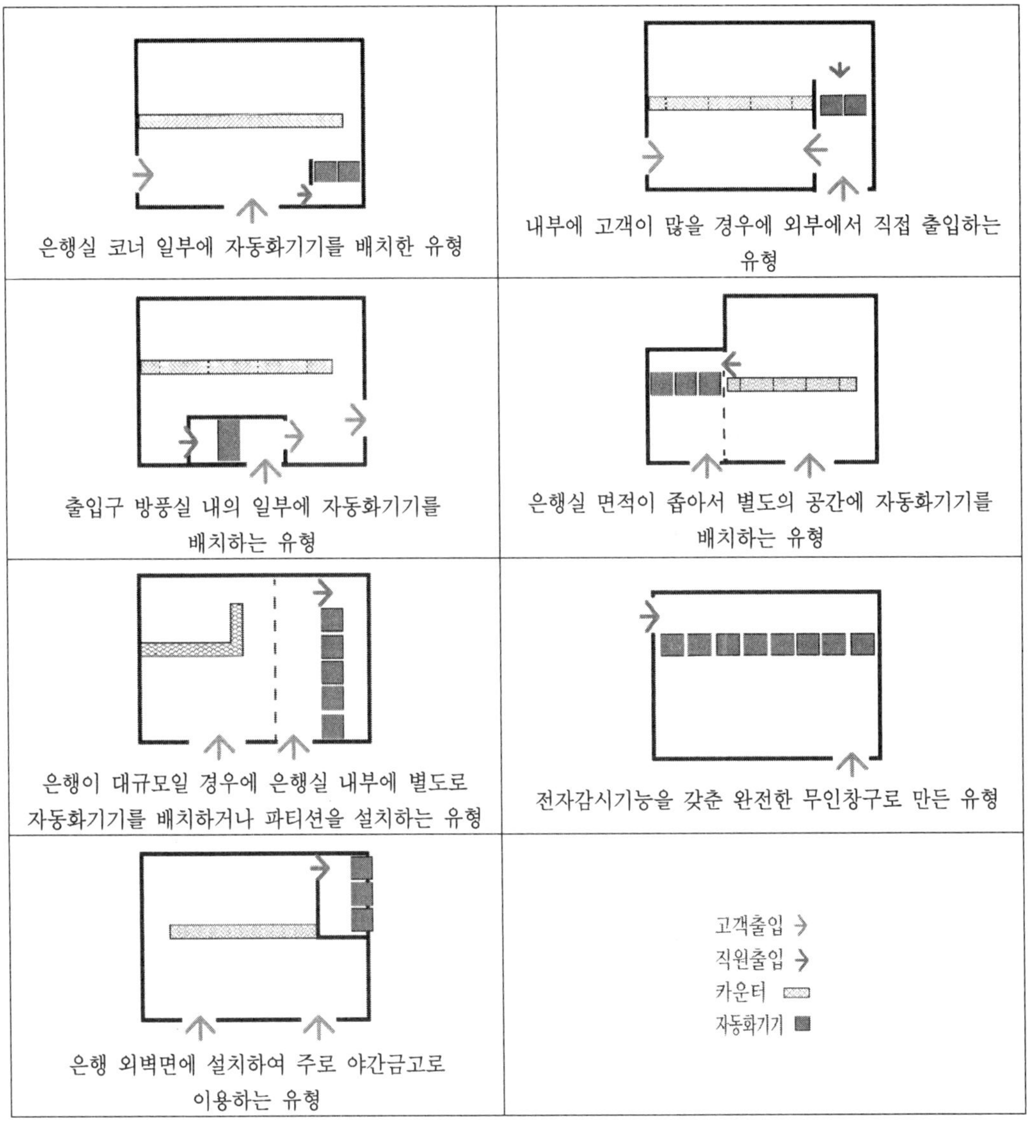

그림 7.4. 자동화 기기 배치 유형

(4) 금고실(cash vault)

1) 구성

-금고실은 은행실과 함께 은행에서 핵심적인 공간으로 전실, 현금고, 증권고, 서류고로 구성된다.

-사고에 대비하여 전선 케이블을 금고 벽체안에 배치하여 경보장치와 연결하고 금고실 내부에는 비상전화 및 환기설비가 설치된다.

-비상 환기구 및 비상구가 필요한 경우 공기순환이 용이한 장소에 비상출입구를 설치한다.

2) 위치

-은행의 측면이나 후면, 입면상 저층이나 지하층에 위치시킨다.

-가능한 한 건물의 한쪽 구석에 배치한다.

-감시가 용이한 동시에 고객 대기실에서 떨어진 위치에 둔다.

3) 문

-금고문과 그 보조적 기능을 갖는 맨홀문은 문틀과 문짝 사이에 기밀성 유지가 중요하다.

-맨홀문(비상문)은 금고문이 고장났을 경우에 비상출입구로도 사용된다.

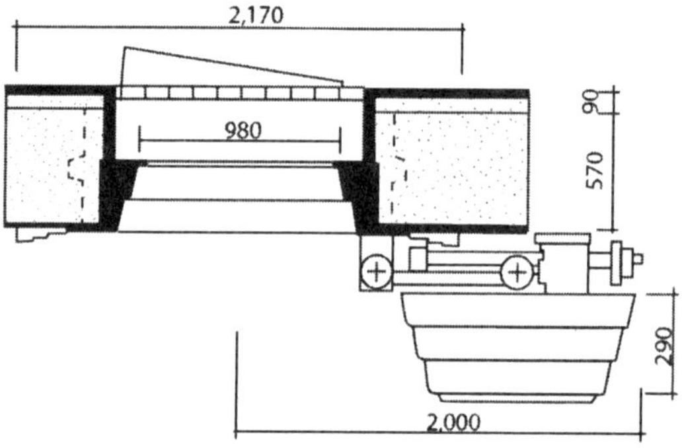

그림 7.5. 금고문의 구조

4) 구조

-금고실의 천장, 바닥, 벽체는 두께 30~45cm(대규모인 경우 60cm) 이상의 철근콘크리트구조로 계획한다.

-철근콘크리트 내에는 지름 16~19mm의 철근을 150mm 간격으로 이중 배근한다.

5) 환기

-금고는 밀폐공간이므로 환기설비를 설치해야한다.

-덕트로 급기와 배기를 처리한다,

-내부에 덕트 설치 후 급기실의 맨홀에서 직접 금고 내부에 급기하고 배기는 금고문을 통해 전실의 일반 배기와 합류시켜 배출한다.

-급기는 출입구에서 흡인하고, 배기는 배기실 맨홀의 배기팬으로 직접 배기한다.

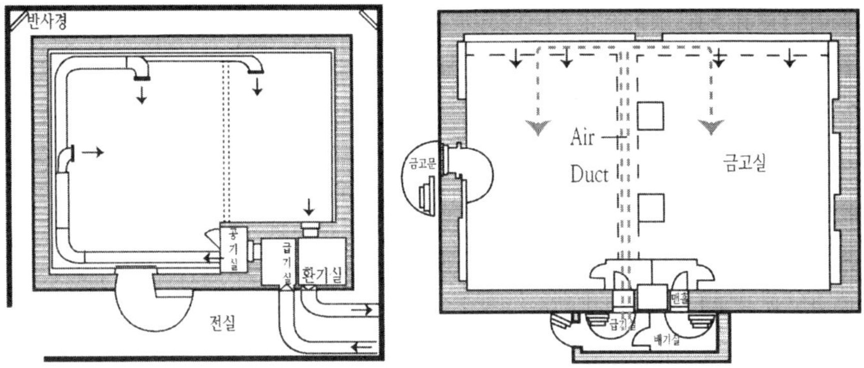

그림 7.6. 금고실 환기

6) 종류

① 현금 및 증권금고

-일반적인 금고실의 기본 구성요소로 내부에 격자형 선반을 설치한다.

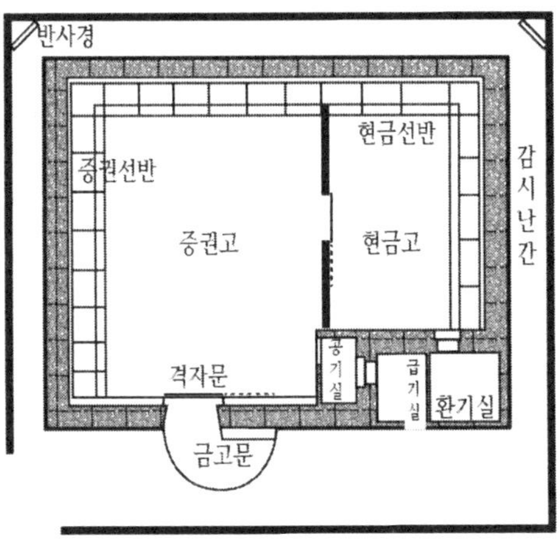

그림 7.7. 현금 금고와 증권 금고

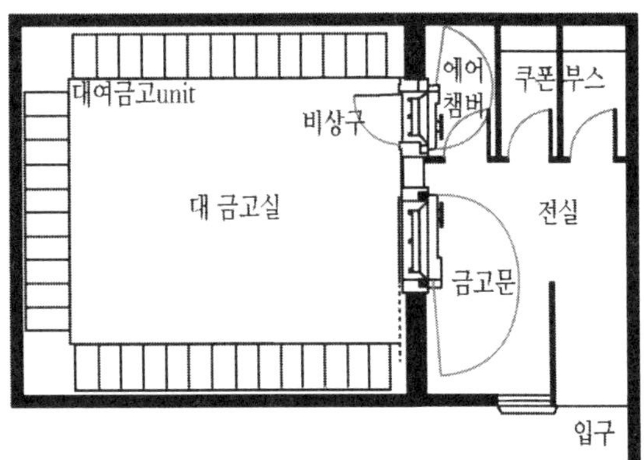

그림 7.8. 대여 금고

② 보호금고

-고객으로부터 보관물품을 받아두고 보관증서를 주는 형식으로 운영한다.

③ 임대(대여)금고

-금고실내 소형 보관함을 고객에게 금액을 받고 임대해주는 금고로 전실, 비밀실(coupon booth), 임대금고실로 구성된다.

-비밀실의 규모는 보관함 300개 기준으로 3㎡ 정도로 한다.

④ 화재금고

-트렁크, 상자 등의 규모가 큰 귀중품을 보관하는 금고로 임대금고와 유사한 유형으로 주로 대형 은행에 설치한다.

⑤ **야간금고**

-은행 영업이 끝난 후나 휴일에 고객이 현금을 보관시킬 수 있는 금고이다.

⑥ **서고**

-일반 장부와 법정 보존기간이 있는 서류를 보관하는 공간이다.

(5) 기타 부속실

1) 지점장실

-은행실(영업+대기공간) 내부가 잘 보이는 위치에 배치하는 것이 좋다.

-고객과 상담 및 응접이 용이한 곳에 배치하여 친밀감을 주는 것이 좋다.

-행원의 집무상태를 감독하기 좋도록 안쪽에 배치한다.

2) 응접실

-고객과의 상담이 이루어지는 공간으로 영업공간에 인접시키거나 영업공간 내에 배치한다,

-응접실은 지점장실과 겸용하거나 지점장실에 인접하여 배치하며 대규모 은행인 경우는 회의실로도 사용할 수 있다.

3) 회의실, 대기실, 예비실

-회의실, 대기실, 예비실은 서로 인접 배치시킨다.

4) 식당

-식당은 점심시간에도 은행업무가 이루어지므로 2~3회 교대로 식사할 수 있도록 행원수의 1/2~1/3 규모로 산정한다.

5) 숙직실 및 수위실

-숙직실은 업무외 시간에 항상 1~2명의 행원이 교대로 숙직이나 휴식을 할 수 있도록 계획한다.

-수위실은 행원 출입구에 인접 배치하며 업무시간을 비롯하여 업무시간외의 야간 및 휴일에도 사람의 출입을 감시할 수 있는 위치에 배치한다.

(6) 드라이브 인 뱅크(Drive in Bank)

1) 개요

-드라이브 인 뱅크는 자동차를 탑승한 채로 은행업무를 볼 수 있는 은행이다.

-도로에서 드라이브 인 창구로 차량접근이 용이한 대규모의 대지와 동선 계획이 필요하다.

-비, 바람 등을 막기 위한 방풍, 차양 시설 등이 필요하다.

-창구는 운전석 쪽으로 설치한다.

-쌍방 통화설비를 한다.

-은행창구의 차량 주차는 교차방향이나 평행방향으로 해야한다.

-별도 영업장과의 연락을 취할 수 있는 시설이 필요하다.

-자동식과 수동식을 병행하여 업무처리가 이루어지도록 한다,

-도난방지 설비 및 방탄 설비를 한다.

-행원 1인이 1일간 취급할 수 있는 업무량은 150~200건 정도로 산정한다.

2) 창구의 배치 유형

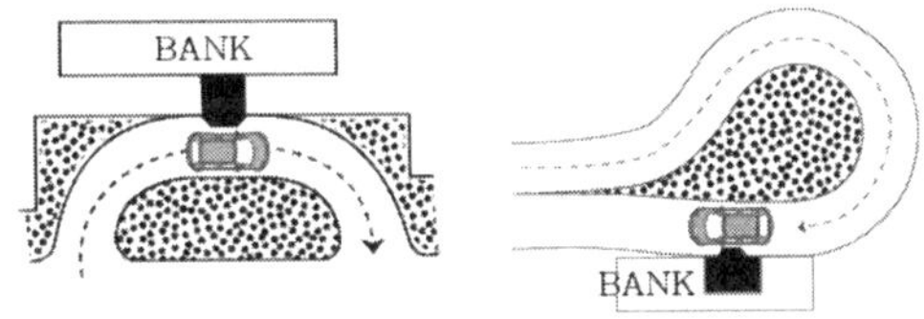

창구가 건물에 부속된 경우

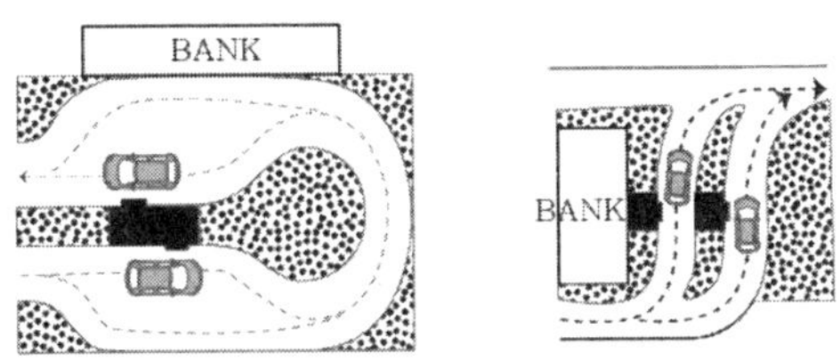

창구가 중앙에 설치된 경우

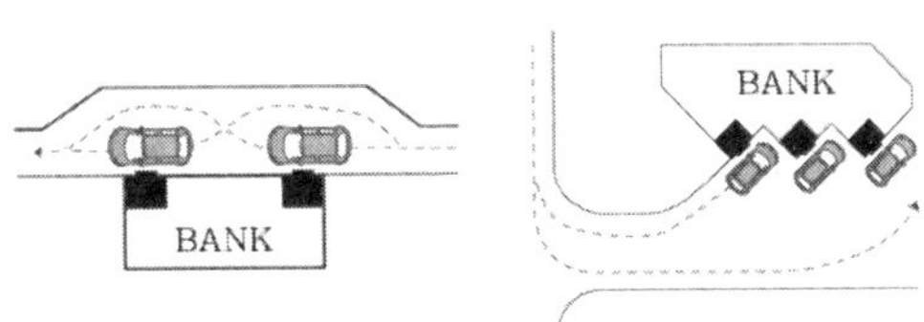

창구가 직렬로 설치된 경우

그림 7.9. 창구의 배치유형

3) 창구 단면

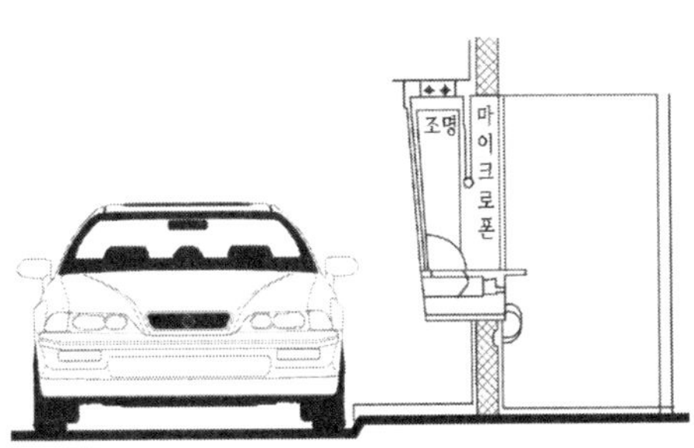

그림 7.10. 창구 단면형태

3) 평면형

① 외측 주변형

-은행의 외측 부분에 드라이브 인 창구를 두는 유형으로 가장 보편적인 형식이다.

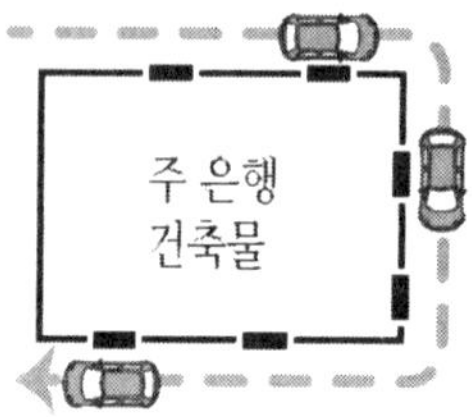

그림 7.11. 외측 주변형

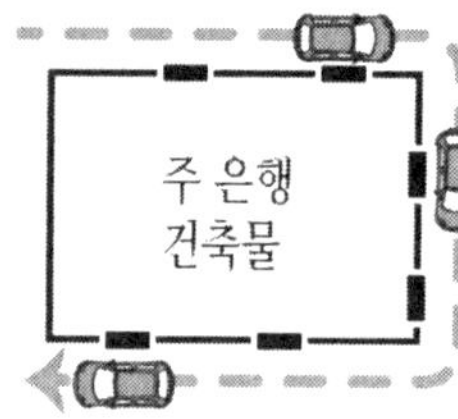

그림 7.12. 외측 주변형

② 돌출형

-기존 건물의 일부를 돌출시켜 창구를 배치한 유형이다.

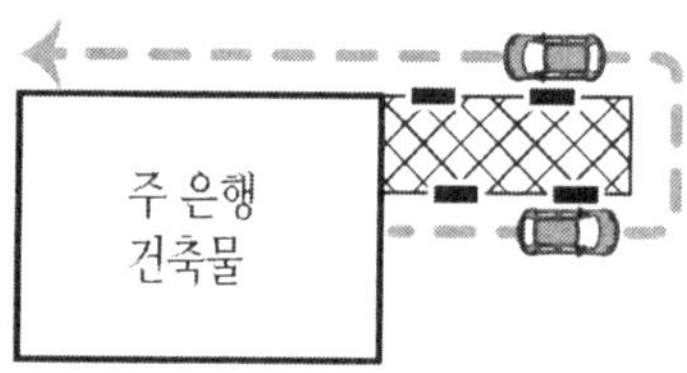

그림 7.13. 돌출형

③ 아일랜드형

-별도의 창구로 건물을 계획한 유형으로 섬과 같이 독립된 배치형태를 갖는다.

-이용객이 많은 경우에 적합하다.

그림 7.14. 아일랜드형

OX 퀴즈

1. 은행의 주출입구에 전실(방풍실)을 둘 경우는 바깥문은 외여닫이 또는 자재문으로 하는 것이 좋다. □

2. 은행에서 고객이 지나는 동선은 가급적 길게 한다. □

3. 고객의 공간과 업무공간 사이에는 원칙적으로 구분이 있어야 한다. □

4. 고층 은행 건물에서 객장은 1층에서 배치하는 것이 원칙이다. □

5. 직원과 고객의 출입구는 공용으로 계획한다. □

6. 은행의 영업장 면적은 은행원 1인당 10㎡를 기준으로 한다. □

7. 은행실은 은행의 주체를 이루는 곳으로 기둥수가 적고 넓은 공간이 요구된다. □

8. 은행의 객장 폭은 최소한 3.2m이상으로 한다. □

9. 은행 카운터의 폭은 60~75cm로 한다. □

10. 1개 창구의 카운터 길이는 80~100cm로 한다. □

11. 영업용 카운터의 높이는 130~140cm로 한다. □

12. 보호 금고는 고객으로부터 보관물품을 받아두고 보관증서를 주는 형식으로 운영한다. □

13. 드라이브 인 뱅크(drive in bank)에는 쌍방 통화설비를 해야한다. □

14. 금고는 사람이 상주하는 공간이 아니므로 환기설비의 설치가 필요없다. □

15. 드라이브 인 뱅크(drive in bank)의 모든 업무는 드라이브 인 창구 이외에 별도 영업장과 연락을 취할 수 있는 시설이 필요하다. □

8
상점

8.1. 기본 사항

- 정의
- 기능
- 공간구성요소

8.2. 대지 계획

- 대지 조건
- 대지 형태
- 방위

8.3. 평면 계획

- 동선 계획
- 매장 배치
- 판매 방식

8.4. 입 · 단면 계획

- 입면 유형
- 단면 형식

8.5. 세부계획

- 출입구 및 파사드
- 쇼윈도우
- 계단

8.1. 기본 사항

(1) 정의

-상점은 일반적으로 소비자에게 상품을 공급하는 상품 유통 활동과 이러한 유통과정을 통한 상품 판매 활동이 이루어지는 건축물로서 도시를 구성하는 중요한 핵심 시설이다.

(2) 기능

-일반적으로 상점의 기능은 판매, 상품, 고객을 위한 기능으로 대별할 수 있으며 상점의 규모에 따라 세부적으로 분류 가능하며 소규모 상점인 경우는 단순히 판매기능만 있는 경우도 있으나 명확한 공간의 구분은 없을지라도 기본적으로 모든 기능을 수반하고 있다.

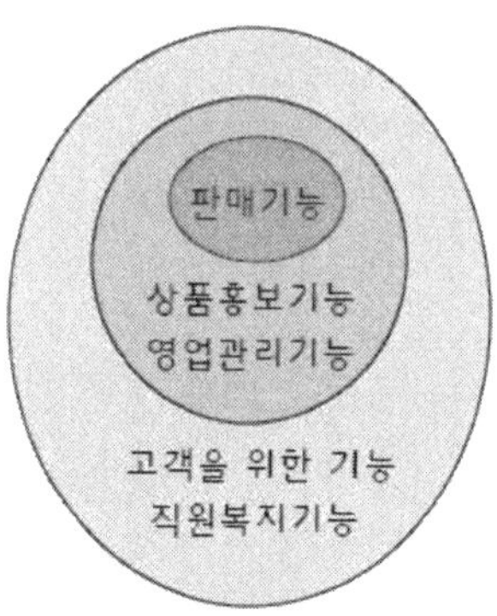

그림 8.1 상점의 기능

표 8.1 상점의 기능에 대응하는 요소들

<table>
<tr><td rowspan="13">매장
부분</td><td rowspan="4">홍보</td><td rowspan="2"></td><td>외장</td></tr>
<tr><td>간판</td></tr>
<tr><td rowspan="7">전시
진열
기능</td><td>파사드</td></tr>
<tr><td>쇼윈도우</td></tr>
<tr><td rowspan="6">진열,
판매</td><td>내부통로</td></tr>
<tr><td>진열장</td></tr>
<tr><td>진열선반</td></tr>
<tr><td>기타진열설비</td></tr>
<tr><td>진열용구</td></tr>
<tr><td>X</td><td>판매용구</td></tr>
<tr><td rowspan="3">판매
보조</td><td rowspan="3">연출
기능</td><td>조명</td></tr>
<tr><td>색채조절</td></tr>
<tr><td>서비스시설</td></tr>
<tr><td rowspan="6">관리
부분</td><td rowspan="2">영업
관리</td><td>X</td><td>사무실</td></tr>
<tr><td rowspan="5">방재
기능</td><td>창고</td></tr>
<tr><td rowspan="3">직원
복지</td><td>식당</td></tr>
<tr><td>휴게실</td></tr>
<tr><td>화장실</td></tr>
<tr><td>X</td><td>비상설비</td></tr>
</table>

(3) 공간구성요소

표 8.2. 상점의 공간구성요소와 기능

공간	구성요소	기능
파사드공간	쇼윈도	도시 환경의 미관 향상 구매욕구의 유도 점내 상품이미지와 결부된 시각적 매체로 작용
	출입구 및 홀	
	아케이드	
	광고판	
	사인보드	
판매공간 (매장공간)	도입공간	진열공간까지 고객 유도
	통로공간	고객이나 직원의 통행
	상품전시공간	진열장, 진열대 등을 이용한 상품의 진열
	서비스공간	상품의 계산 및 포장 (응접실, 고객화장실, 포장대, 접객카운터 등)
부대공간	상품관리공간	상품의 보관, 발송 (발송장, 창고 등)
	판매원 후생공간	화장실, 통로, 출입구, 갱의실 등
	시설관리부분	기계실, 전기실, 급배수 등
	영업관리부분	사무실, 영업, 홍보실 등
	주차공간	고객용과 화물용으로 구분

8.2. 대지 계획

(1) 입지조건

-교통이 편리하고 고객의 왕래가 잦고 접근이 용이한 곳이 유리하다.

-대지의 1변이 주요도로와 면하고 나머지 1변 또는 2변이 넓은 폭의 도로에 면하고 있는 것이 고객의 동선과 물품의 동선을 분리할 수 있으므로 이상적이다.

-폭이 넓은 도로가 만나는 모퉁이 부분에 위치한 대지가 접근성이 좋고 눈에 잘 띄므로 상점의 입지로 바람직하다.

-상업지역내 상점가나 번화가, 아파트단지 등과 같이 고객 밀집 지역과 가까운 곳이 좋다.

-향후 인구가 늘거나 지역개발이 일어날 수 있는 장래성이 유망한 곳이 유리하다.

-이용고객의 범위, 예상 이용 인원수, 계층・연령별 구매 능력 및 범위, 주변교통상황 여건에 따라 대지를 선정한다.

-인근 상업지역, 시설과의 연계 여부와 고객 유치를 위한 서비스 시설 여건, 대지의 규모 및 넓이와 도로와의 관계 여부를 고려하여 대지를 선정한다.

(2) 대지 형태

-일반적으로 상점의 대지형태는 정사각형이나 직사각형이 바람직하며 대지 장변이 주요도로에 면하고 다른 1~2변이 상당한 폭을 가진 도로에 면하고 있는 것이 좋다.

-특히, 대지의 전면 폭과 깊이 방향의 길이에 따라 다음과 같은 특징을 갖는다.

1) 대지 전면 폭이 깊이에 비해 긴 경우

-구매 빈도가 높고, 특정시간에 고객이 집중하는 상점에 적합하나 대지 전면 폭이 너무 길면 관리상 어려움이 많고 안정성이 결여된다.

2) 대지 깊이가 전면 폭에 비해 긴 경우

-매장 내 체류시간이 많이 소요되는 상점에 적합하며 주로 고급상품을 취급하는 상점에 적합하나 깊이가 너무 깊으면 고객 동선을 매장 내부로 깊이 유도하는데 어려움이 있다.

(3) 방위

-상점의 상품은 취급품목에 따라 진열 및 보관방법이 모두 다르며 특히 직사광선은 상품 변질에 매우 직접적인 영향을 준다.

-취급품목에 따라 적절한 상점의 방위가 요구되며 여의치 않을 경우에는 차양 등의 설치가 요구된다. 취급품목에 따른 적절한 상점의 방위는 다음과 같다.

1) 부인용품점(임산부용품, 유아용품)

-오후에 그늘이 지지 않는 방향이 좋다.

2) 식료품점

-석양에 의한 식품변질이 우려되므로 서향 배치를 피해야 한다.

3) 가구점, 서점, 양복점

-도로의 남측(북향)이나 서측(동향)에 배치하여 일사에 의한 변질을 방지한다.

4) 음식점

-다소 좁은 도로변에 면한 것이 좋고 가능한 양지바른 장소를 선정한다.

-도로의 남측에 위치하는 것이 좋다.

5) 여름용품

-도로의 북측에 위치하고 남향이 적합하다.

6) 겨울용품

-도로의 남측에 위치하고 북향이 적합하다.

7) 귀금속점

-태양광이 직사하지 않는 북향으로 방위를 정한다.

8.3. 평면 계획

(1) 동선 계획

1) 고객동선(유입동선)

-고객동선은 가능한 길게 하며 배회율을 높여 상점에 오래 머무르게 한다.

-통로폭은 0.9m이상을 유지하며 가급적 바닥의 단차가 생기지 않도록 한다.

-직원 및 상품동선과 명확하게 구분하는 것이 좋다.

-고객출입구와 상품출입구는 반드시 분리한다.

-규칙적인 동선은 단조롭고 고객의 매장 내 배회시간을 짧게 한다.

-불규칙한 동선은 고객의 배회시간을 길게하고 비교적 넓은 매장에 효과적이다.

2) 종업원동선(판매 및 사무동선)

-고객동선과 교차되지 않도록 한다.

-가능한 한 동선길이를 짧게 한다.

-상품동선과 부분적으로 교차될 수 있다.

3) 상품동선(관리동선)

-상품의 반입, 보관, 포장, 발송을 위한 작업동선이다.

-고객동선과 교차되지 않도록 한다.

(2) 매장 배치

1) 상품의 종류

-상품의 종류는 상품의 가격, 종류, 특성에 따라 중점상품, 보완상품, 전략상품으로 분류할 수 있으며 이러한 상품의 종류에 따른 배치는 상품 성격과 이미지를 변화시키며 매장의 효율성을 좌우하는 요인이 된다.

표 8.3. 상품의 종류

종류	정의
중점상품	취급상품 중 매장면적을 가장 많이 차지하는 주된 상품
보완상품	중점상품의 판매력을 높이기 위한 보조적인 상품
전략상품	고객의 시선을 집중시키고 상품의 평판을 높이기 위한 전시상품

2) 배치

-고객방향에서 상품이 효과적으로 보이도록 배치하는 것이 중요하며 도난방지차원에서 감시가 용이한 상품진열 계획이 요구된다.

-고객과 직원의 동선이 원활하도록 하고 다수의 고객에 대한 소수 직원의 판매 및 상담에 효율적으로 매장을 구성한다.

-매장평면의 기본형식은 다음과 같다.

① **굴절형**

-쇼케이스 배치와 고객 동선이 굴절된 형태로 배치하는 형식이다.

-대면판매와 측면판매가 조합되어 구성된다.

-양품점, 안경점, 모자점, 문구점 등에서 주로 채택된다.

② **직렬형**

-상품 전달 및 고객 동선상 흐름이 가장 빠른 형식이다.

-협소한 매장에 적합하다.

-부분별로 상품 진열이 용이하다.

-대량판매 형식도 가능하다.

-침구점, 의복점, 가정전자기기점, 서점, 식기점 등에서 채택된다.

③ **환상형**

-상점 중앙에 진열대를 배치하여 직선이나 곡선의 고리모양으로 구성한 형식이다.

-중앙부분에는 소형 또는 고액 상품, 벽면에는 대형상품을 전시한다.

-민속예술품점, 수예품점, 이불점, 귀금속점 등에서 채택된다.

④ **복합형**

-일정한 형식을 취하기 보다 여러 형식을 적절히 조합시킨 유형이다.

-부인복, 서점, 피혁제품점 등에서 채택된다.

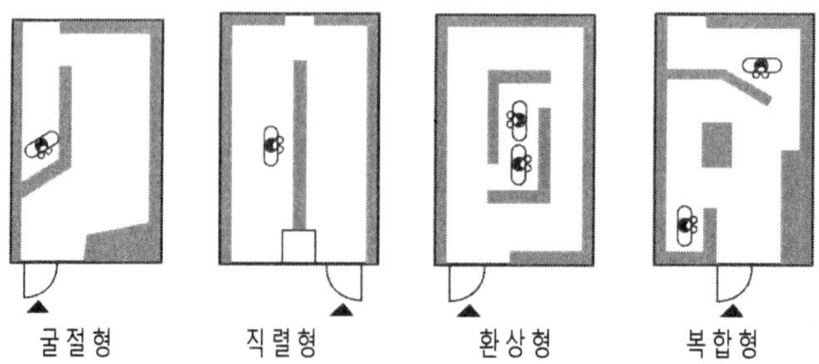

그림 8.2. 평면 배치의 기본형식

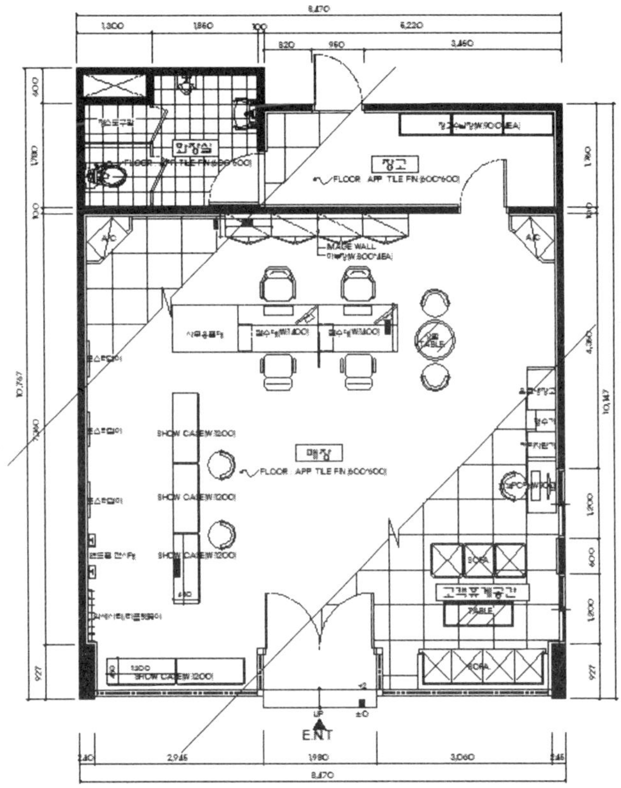

그림 8.3. 상점의 평면사례

(3) 판매 방식

표 8.4. 대면판매와 측면판매

대면판매	정의	▸ 고객과 직원이 진열장을 사이에 두고 대면하여 상담 및 판매가 이루어지는 방식
	장점	▸ 직원이 고객과 마주보고 대면하여 상품설명에 용이하다. ▸ 진열장 중심으로 판매원의 고정 위치를 정하기가 용이하다. ▸ 상품의 포장과 계산이 편리하다.
	단점	▸ 직원 및 판매원이 통로를 점유하여 상품의 진열면적이 측면방식에 비해 좁다. ▸ 진열장이 많아지면 상점 분위기가 다소 경직될 수 있다.
측면판매	정의	▸ 직원이 고객과 동일하게 같은 방향에서 진열된 상품을 판매하거나 진열된 상품과 같은 방향에 서서 상품을 판매하는 방식
	장점	▸ 고객이 직접 상품과 접촉해 충동구매를 유도할 수 있다. ▸ 상품에 대해 친근감을 느낄 수 있다. ▸ 상품의 구매와 선택이 용이하다. ▸ 대면방식에 비해 진열면적을 넓게 확보할 수 있다.
	단점	▸ 판매원의 위치를 정하기 어렵고 직원 동선의 이동성이 많고 다소 불안정하다. ▸ 직원이 상품의 측면에 서서 해야 하므로 상품의 설명이나 포장이 쉽지 않다. ▸ 계산이나 포장을 위한 별도의 공간확보가 필요하다. ▸ 상품의 파손 및 도난방지에 주의해야 한다.

8.4. 입 · 단면 계획

(1) 입면 유형

1) 전면부 구성형식에 따른 분류

표 8.5. 전면부 구성형식에 따라 분류된 유형

유형	특징
개방형	▸ 숍의 전면이 모두 오픈된 형식 ▸ 과거부터 많이 사용되어 온 유형 ▸ 전면 유리 : 일반적인 상점, 서점 등 ▸ 전면 개방 : 시장, 철물점, 일용품점 등
폐쇄형	▸ 숍 전면의 출입구 이외에는 벽이나 장식창 등으로 외부와의 경계를 차단한 형식 ▸ 고객 출입이 적고 상점 내에서 비교적 오래 머무르는 상점 ▸ 이미용원, 보석상, 카메라점, 귀금속점, 웨딩샵, 사진관
혼용형	▸ 부분적으로 개방하고 나머지 부분은 폐쇄하는 개방형과 폐쇄형의 중간형

2) 쇼윈도우의 형식에 따른 분류

표 8.6. 쇼윈도우의 형식에 따라 분류된 유형

유형	특징
평형	▸ 상점 전면을 따라 쇼윈도우를 배치하는, 가장 보편적인 유형 ▸ 고객이 보도에서 상품을 관망하여 상점 내부를 넓게 사용할 수 있다. ▸ 자연채광의 유입에 가장 유리한 유형이다.
돌출형	▸ 쇼윈도우를 외부로 돌출시킨 형식이다, ▸ 상품을 외부에 진열하는 유형
만입형	▸ 전면부의 쇼윈도우의 일부나 출입구를 만입시킨 형식 ▸ 외부의 쇼윈도우를 강조하여 시각적 집중을 도모할 수 있다. ▸ 전면부 진열면적의 증대로 상점내로 들어가지 않고 외부에서 상품 관람이 가능하다. ▸ 점내 면적이 줄고 자연채광 유입량이 적어진다.
홀형	▸ 위의 만입형의 만입된 부분을 넓게 처리하여 홀 형식으로 구성한 유형 ▸ 만입형과 비슷한 특징을 갖는다.
다층형	▸ 2층 이상의 층으로 연속적인 쇼윈도우를 구성하는 형식 ▸ 상점의 위치가 대규모 도로에 면하거나 광장 등에 면한 경우에 주로 사용된다. ▸ 2층 이상의 점내로 고객 흐름을 자연스럽게 유도하기 위한 수직 동선 계획이 필요하다.

(2) 단면 형식

1) 단층형

-상점이 단층으로 구성되거나 1층에만 상품을 진열하기 위해 단면상 1층 전면을 개방하여 쇼윈도우를 설치하는 형식이다.

2) 다층형

-단면이 여러 층으로 구획되어 층마다 쇼윈도우를 설치하는 형식이다.

3) 개방형(투시형)

-공간이 중이층(mezzanine)으로 여러 층의 전면부가 개방되어 층 구분이 없이 개방되어 확장된 공간감을 갖는 진열이 가능하다.

그림 8.4. 상점의 단면형식 (단층형(좌), 다층형(중), 개방형(우))

8.5. 세부 계획

(1) 출입구 및 파사드

1) 출입구

-출입구 위치는 주변 교통량의 방향, 인접한 상점과의 관계, 풍향 및 방위를 고려해 설정하며 문은 대체로 자재문(自在門: 안팎으로 열리고 자동으로 원래 위치로 되돌아가는 문)으로 설치하는 것이 바람직하다.

2) 파사드

-파사드(Facade)는 상점의 개성이 드러나는 전면부의 외관으로 간판, 사인, 쇼윈도우, 출입구, 광고 등을 통해 상업적 효과를 최대화할 수 있도록 계획한다.

- 특히 상점의 파사드는 구매심리를 자극하는 심리적 단계인 'AIDMA' 법칙에 따라 계획한다.
-'AIDMA'법칙은 미국의 경제학자 롤랜드 홀(Roland Holl)이 제시한 구매결정의 심리적 단계이자 광고효과 요소로서 A(Attention, 호기심, 주의, 주목) ⇨ I(Interest, 관심, 흥미) ⇨ D(Desire, 욕구, 욕망) ⇨ M(Memory, 기억) ⇨ A(Action, 구매, 행동)의 단계로 이루어진다.

그림 8.5. 상점 파사드의 사례

(2) 쇼윈도우(show window)

1) 쇼윈도우의 규모

-쇼윈도우의 규모는 상점의 종류, 상점의 전면길이, 대지조건에 따라 달라진다.

-쇼윈도우의 위치와 크기는 상품과 조화를 고려하여 이루어져야 한다.

-쇼윈도우의 바닥 높이는 상품의 종류에 따라 달리한다.

-주목을 끄는 상품은 고객이 밖에서 쇼윈도우를 통해 가장 편안한 시선 각도 내에서 바라볼 수 있는 곳에 두는 것이 좋다.

-다양하고 기발한 디스플레이 기법으로 일정 원칙에 얽매이지 않고 독창적 계획이 가능하므로 쇼윈도우는 강화유리의 최대제작크기 이내에서 다양한 크기로 자유롭게 계획할 수 있다.

-쇼윈도우의 창대 높이는 0.3~1.2m(일반적으로 0.6~0.9m), 유리 높이는 2~2.5m가 적당하다.

2) 진열장 내부 조명

-진열장 내부에 설치되는 조명은 상점 내부보다 1.5~2배정도 조도를 높이는 것이 양호하다.

-쇼윈도우 및 진열장 유리로부터 눈부심 현상, 반사 방지대책이 필요하다.

-조명의 광원이 직접 시야에 들어오지 않도록 한다.

-진열상품을 강조하고 통행객의 주목을 유도하도록 한다.

-계절에 적합한 분위기 연출을 위한 조명계획이 필요하다.

-기후, 주간, 야간 및 폐점 후에 대응하는 조명의 점멸계획이 필요하다.

-조명의 자외선이나 열로 인한 상품의 변질에 유의한다.

-상품의 색채가 중요한 상점에는 연색성이 좋은 광원을 사용한다.

-휘도가 높은 광원은 상품표면의 광택을 강조할 뿐만 아니라 상품의 입체감과 재질감을 강조할 수 있다.

3) 반사방지 방법

① 주간

-쇼윈도우 내부의 조도를 외부보다 밝게 한다.

-차양을 설치하여 쇼윈도우 외부에 그늘을 조성한다.

-쇼윈도우의 단면을 경사지게 하거나 곡면으로 처리한다.

-가로수 등을 심어서 건너편 건축물이 비치는 것을 막을 수 있다.

② 야간

-광원을 감추거나 눈에 입사하는 광속(luminous flux: 단위시간당 전달되는 빛의 복사 에너지)을 적게 한다.

-광원으로 젖빛 유리 전구를 사용하거나 간접조명방식을 채택한다.

4) 흐림 방지 방법

-쇼윈도우에 외기가 통하도록 한다.

-매장 내·외부의 온도차를 적게 한다.

(3) 계단

-계단의 위치는 주위 상품이나 상점 내의 이벤트 요소가 잘 보이고 각 층으로의 출입에 지장이 없는 곳에 배치한다. 또한 계단 자체가 장식적 요소로 활용될 수 있으면 좋다.

-계단 경사는 상점의 매장규모 적합한 경사도로 설정하는 것이 중요하다.

-계단 경사가 너무 낮으면 계단 하부에 데드 스페이스(dead space: 쓰임의 가치가 없는 공간)가 많이 생기므로 매장의 공간 효율이 떨어질 수 있으므로 주의한다.

-상점 깊이가 깊은 직사각형 평면인 경우에 측벽을 따라 계단을 설치하는 것이 바람직하다.

-정방형의 평면인 상점일 경우에 계단을 중앙에 설치하는 것이 동선 및 매장 구성에 유리하다.

OX 퀴즈

1. 구매결정의 심리적 단계로 상점 파사드(facade) 구성에 필요한 광고 요소는 주의(Attention), 흥미I(Interest), 디자인(Design), 기억(Memory), 행동(Action)이다. ☐

2. 상점의 판매형식 중 대면판매방식은 판매원의 고정 위치를 정하기 어렵다. ☐

3. 상점의 판매형식 중 측면판매방식은 상품의 구매와 선택이 용이하다. ☐

4. 음식점은 도로의 북측으로 하는 것이 좋다. ☐

5. 부인용품점은 오후에는 그늘이 지도록 배치하는 것이 좋다. ☐

6. 식료품점은 서향으로 배치한다. ☐

7. 가구점, 서점, 양복점은 가급적 도로의 북측이나 동측을 선택하고 일사에 의한 상품의 변질이 일어나지 않도록 유의한다. ☐

8. 종업원 동선은 고객과의 접촉을 위해 가급적 고객의 동선과 교차시킨다. ☐

9. 반사방지를 위해 쇼윈도우의 단면을 경사지게 하거나 곡면으로 처리한다. ☐

10. 쇼윈도우의 김서림 방지를 위해 매장 내 · 외부의 온도차를 적게 한다. ☐

11. 쇼윈도우의 크기는 상점의 종류, 상점의 전면길이, 대지조건에 따라 달라진다. ☐

12. 쇼윈도우의 반사방지를 위해 쇼윈도우 내부의 조도를 외부보다 어둡게 한다. ☐

13. 정방형 평면인 상점일 경우에 계단을 공간의 측면에 설치하는 것이 동선 및 매장 구성에 유리하다. ☐

14. 상점 깊이가 깊은 직사각형 평면인 경우에 공간의 중앙에 계단을 설치하는 것이 좋다. ☐

15. 상점 평면 중 직렬형은 부문별 상품진열이 용이하고 대량판매가 가능하다. ☐

16. 상점 평면 중 굴절형은 대면판매와 측면판매가 조합되어 구성된다. □

17. 쇼윈도우의 유리 높이는 2~2.5m가 좋다. □

18. 개방형 단면의 상점은 중이층(mezzanine)으로 여러 층의 전면부가 개방되어 층 구분이 없이 개방되어 확장된 공간감을 갖는 진열이 가능하다. □

19. 상점의 출입구는 대체로 자재문으로 설치하는 것이 바람직하다.. □

20. 종업원의 동선은 고객 동선과의 교차를 피하되 가능한 한 길게 한다. □

21. 진열장 내부에 설치되는 조명은 상점 내부보다 1.5~2배정도 조도를 높이는 것이 좋다. □

22. 쇼윈도우의 창대 높이는 0.3~1.2m(일반적으로 0.6~0.9m)가 적당하다. □

23. 상품의 색채가 중요한 상점에는 연색성이 좋은 광원을 사용한다. □

24. 쇼윈도우의 반사방지를 위해 차양을 설치하여 쇼윈도우 외부에 그늘을 조성한다. □

25. 규칙적인 고객 동선은 단조롭고 고객의 매장 내 배회시간을 짧게 한다. □

26. 상점 내 계단 경사가 너무 낮으면 계단 하부에 데드 스페이스가 많이 생기므로 매장의 공간 효율이 떨어질 수 있다. □

27. 대면판매 방식은 진열면적이 큰 매장에 적합하다. □

28. 상점 전면 쇼윈도우의 일부를 만입시키면 상점 내 자연채광 유입량이 많아진다. □

29. 진열창의 바닥 높이는 상품의 종류에 따라 달리한다. □

30. 서비스공간은 상점의 부대공간에 속한다. □

9
백화점

9.1. 기본 사항

정의
기능
유형
주요 계획 지침

9.2. 대지 계획

대지 조건
대지 형태
대지내 소요공간

9.3. 평면 계획

동선 계획
레이아웃과 면적비율
경간
매장 계획
규모 계획

9.4. 입 · 단면 계획

무창 계획
층고 계획

9.5. 세부 계획

출입구, 엘리베이터, 에스컬레이터,
화장실, 조명 계획, 고객 서비스 시설,
종업원 관련시설, 상품반입 시설 등

9.1. 기본 사항

(1) 정의

-백화점은 인간생활과 관련된 여러 가지 상품을 진열하고 판매하는 대규모 판매시설로 판매 기능 이외에 문화, 위락, 교육시설 등의 복합 기능을 갖춘 건축으로 진화되어 왔다.

(2) 기능

1) 일반적 기능

표 9.1. 백화점의 일반적 기능

사회적 기능	▪ 유통영업시설 기능, 상품 판매기능, 위락시설기능, 상품 정보 제공, 생활수준 향상 도모
공간적 기능	▪ 상업시설 기능 : 고객 쇼핑, 판매 및 영업 등을 수용하는 수 있는 기능 수행 ▪ 서비스 및 커뮤니티 기능 : 문화시설, 휴식시설, 외식시설, 레저시설 등의 기능 수행 ▪ 관리기능 : 상품 및 종업원과 사무관리 부문 등 관리 기능 수행

2) 기능 권역별 특징

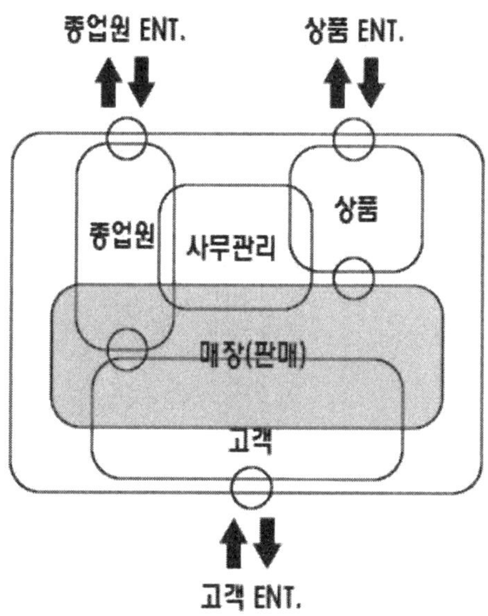

그림 9.1. 백화점의 기능 권역

-백화점의 기능 권역은 고객권, 종업원권, 상품권, 사무관리권, 판매권으로 구분되며 그 특징은 다음과 같다.

표 9.2. 백화점의 기능 권역별 특징

기능 권역	특징
고객권	고객용 출입구, 통로, 계단, 휴게실, 식당 등의 서비스 기능을 갖는 권역으로 판매권과 결합되어 매장을 구성한다.
종업원권	종업원과 관계된 전용 출입구, 통로, 계단, 후생시설 등의 권역으로 고객권과는 별도로 독립되고 매장 내부와 매장 외부의 상품권과 접한다.
사무관리권	각종 사무실, 회의실 및 임원실, 기계실, 전기실 등
상품권	상품의 반입, 보관, 점외 배달을 행하는 권역으로 판매권과 접하며 고객권과는 절대적으로 분리시킨다.
판매권	백화점에서 가장 중요한 기능을 갖는 상품 전시 및 판매를 위한 권역으로 고객의 구매욕구와 종업원의 판매 및 영업 효율을 증대시킬 수 있는 작업 환경으로 계획되어야 한다,

(3) 유형

1) 입지 위치에 따른 유형

-백화점의 입지 위치에 따라 분류된 유형과 특징은 다음과 같다.

표 9.3. 입지 위치에 따라 분류된 백화점의 유형

유형	특징
도심형	▪ 도시 중심의 상업지역에 위치한 백화점 ▪ 도시의 랜드마크 기능을 수행한다.
교외형	▪ 주로 도심지에서 다소 떨어진 교외에 위치한 백화점 ▪ 주로 2~3층의 낮은 층으로 구성된다, ▪ 대규모 주차장이 필요하다.
터미널형	▪ 철도역이나 버스 및 항공 터미널을 중심으로 형성된 백화점 ▪ 주로 기존의 터미널 빌딩과 밀접한 연결 및 통합으로 구성된 경우가 대부분이다. ▪ 대도시 상업지역 시내 교통시설과 교외 교통시설 접속점에 위치한다.

2) 규모에 따른 유형

-백화점은 매장 바닥면적이 4,000~10,000㎡일 경우에 대형 백화점, 판매장 바닥면적이 1,000~4,000㎡일 경우에 중·소형 백화점으로 구분할 수 있다.

그림 9.2. 매장 바닥면적에 따른 백화점 유형

(4) 주요 계획 지침

-백화점은 대규모로 계획하면서 외관을 장중하고 미려하게 구성한다.

-백화점은 판매상품이 다양하며, 부문별로 명확히 구분하여 상품을 진열하고 전시할 수 있도록 계획한다.

-일련의 완벽한 서비스가 원할하게 제공될 수 있도록 계획한다.

-계절별, 유행별로 변화를 줄 수 있는 가변적인 배치가 가능한 융통적인 공간으로 계획되어야 한다.

-비상시 안전하게 피난할 수 있는 피난시설과 방재 시설을 갖춰야 한다.

-다른 용도의 건물에 비해 시각적으로 화려하고 개성적인 이미지로 설계되어야 한다.

-내부 매장이 개방적이며 밝은 이미지로 구성한다.

-편안하고 쾌적한 환경을 유지할 수 있도록 냉난방 설비를 해야 한다.

-판매기능 이외에 문화, 휴식, 스포츠, 레저, 외식의 기능을 갖도록 부수적 편의시설을 갖추어야 한다.

-터미널 백화점의 경우에 승강객과 매장 고객의 동선이 교차되지 않도록 하고 승강장이나 여객통로로부터 직접 매장에 들어갈 수 있는 전용 개찰구 설치가 필요하다.

9.2. 대지 계획

(1) 대지 조건

-이용고객의 범위, 예상 이용 인원수, 계층·연령별 구매 능력 및 범위, 주변교통상황 여건에 따라 대지를 선정한다.

-인근 상업지역, 시설과의 연계 여부와 고객 유치를 위한 서비스 시설 여건, 대지의 규모 및 넓이와 도로와의 관계 여부를 고려하여 대지를 선정한다.

-대중교통 및 자가용 이용이 편리하고 사람의 왕래가 잦은 대지가 좋다.

(2) 대지 형태

- 일반적으로 백화점의 대지형태는 정사각형에 가까운 장방형이 양호하며 대지 장변이 주요 도로에 면하고 다른 1~2변이 상당한 폭을 가진 도로에 면하고 있는 것이 좋다. 특히, 대지의 전면 폭과 깊이 방향의 길이에 따라 다음과 같은 특징을 갖는다.

1) 대지 전면 폭이 깊이에 비해 긴 경우

- 구매 빈도가 높고, 특정시간에 고객이 집중하는 백화점에 적합하나 대지 전면 폭이 너무

길면 관리상 어려움이 많고 안정성이 결여된다.

2) 대지 깊이가 전면 폭에 비해 긴 경우

- 매장 내 체류시간이 많이 소요되는 백화점에 적합하며 주로 고급상품을 취급하는 백화점에 적합하나 깊이가 너무 깊으면 고객 동선을 매장 내부로 깊이 유도하는데 어려움이 있다.

(3) 대지 내 소요공간

- 백화점 부지에는 건물 이외에도 주차장, 옥외 이벤트 및 휴식 공간 등이 배치되어야 한다.

9.3. 평면 계획

(1) 동선 계획

백화점에서 고객의 동선은 다양한 보행자의 조건과 보행공간의 조건에 따라 다르게 나타나는데 특정고객의 흐름과 정지 때문에 일상적인 고객의 이동에 지장이 없도록 동선을 계획해야 한다. 특히, 매장 1층부터 상층부까지 원할한 고객의 흐름을 유도하여 매출을 증대시킬 수 있도록 신중한 동선 계획이 필요하고 고객의 출입구와 서비스 출입구는 기능상 명확히 분리하며 원할한 동선을 구성하기 위해 수직, 수평 동선 계획과 비상시 대피동선에 대한 계획이 요구된다.

1) 수평 동선계획

-백화점 내로 유도된 고객들은 매장내부 구석까지 유도할 수 있도록 계획한다.

-고객들이 매장을 인지하는데 지루함이 없도록 계획한다.

-시야를 가리는 돌출물이나 모서리 등의 차폐물이 나타나지 않도록 계획한다.

-고객동선은 비상시의 원할한 피난이 이루지도록 계획한다.

-계단은 주출입구 맞은편에 위치하며 고객동선은 최대한 길게 계획한다.

-에스컬레이터와 엘리베이터는 계단과 출구의 중앙에 위치하는 것이 바람직하다.

2) 수직동선계획

① **에스컬레이터**

-백화점의 대표적인 수송수단으로 방재계획상 불리하며 비상계단으로 사용할 수 없으므로 신중한 계획이 요구된다.

② **엘리베이터**

-에스컬레이터의 보조 운송수단으로 고객용, 업무용, 화물용으로 구분한다.

③ **계단**

-에스컬레이터와 엘리베이터의 보조기능을 수행하는 계단과 피난시 비상용 피난계단을 설치한다.

(2) 레이아웃과 면적비율

1) 레이아웃

-백화점의 주요 공간은 고객, 종업원, 대여부문으로 구분되며 부문별 소요공간은 다음과 같다.

표 9.4. 부문별 소요 공간

부문	소요공간		
고객부문	순매장(판매장)		
	계단/엘리베이터/화장실		
	고객용시설	식당/커피숍	
		서비스	수익성시설/비수익성시설
종업원부문	종업원시설		
	계단/엘리베이터/화장실		
	사무실/창고		
대여부문	수익성 대여 사무실		
	비수익성 대여매장 & 기타		

-백화점의 레이아웃은 크게 매장중심의 접객시설과 상품 및 관리상의 비접객 시설로 나누어 계획하고 이러한 시설들은 백화점 내 동선 및 교통방식, 상품의 진열형식, 서비스 시설의 배치 여부 등으로 고려하여 합리적으로 배치해야 하며 이런 배치는 직접적으로 백화점 영업상 능률에 영향을 준다.

표 9.5. 백화점의 접객시설과 비접객시설

부문	소요공간
접객시설	▸ 매장, 진열장, 공연/이벤트장, 휴게실 및 식당, 커피숍 등.
	▸ 고객주차장, 주문실, 상담/응접실, 부속실, 보관소 등.
	▸ 엘리베이터, 에스컬레이터, 계단실 및 계단, 화장실, 흡연실, 안내카운터, 현관 등.
비접객시설	▸ 기계실, 전기실, 감시실, 수선실, 창고, 상품주차장 및 출입구 등.
	▸ 상품 반입/반출실, 발송/출 구분실, 검사실, 계산실, 하역실, 조사실, 사무실 등.
	▸ 엘리베이터, 에스컬레이터, 계단, 직원화장실, 흡연실, 회의실, 의무실, 탈의실 등.

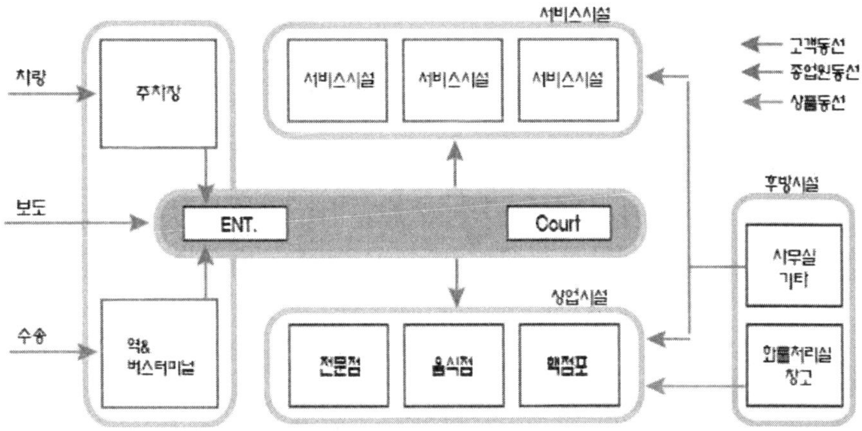

그림 9.3. 쇼핑센터의 레이아웃의 사례를 보여주는 다이어그램

2) 매장의 면적비

-연면적 대비 매장의 면적비는 60~70% 정도(소규모 백화점의 경우는 80%)로 한다.

-순수한 매장 면적의 비율은 연면적에 대해 40~60%(평균 50%)정도로 한다.

-가구배치에 소요되는 면적의 비율은 순매장면적의 50~70% 정도로 한다.

-매장내 순수한 교통에 필요한 통로 등의 면적 비율은 순매장 면적의 30~50%정도로 한다.

(3) 경간

-경간(span)은 기둥과 기둥 사이의 거리로서 매장의 진열장(show case), 주차방식과 주차폭, 엘리베이터 및 에스컬레이터 위치에 따라서 그 길이가 결정된다.

-일반적인 경간(span)은 6~7m이며 이상적인 스팬은 기둥크기를 포함해서 차량 3대의 주차가 가능하고 엘리베이터 2대 혹은 에스컬레이터 설치에 적합한 정도의 경간이 적당하다.

(4) 규모 계획

1) 통로 폭

-매장의 통로 폭은 대체로 1.8m이상으로 하되 통행량에 따라 그 폭을 결정한다.

-엘리베이터, 로비, 에스컬레이터의 전면에 만들어지는 주 통로의 폭은 대체로 2.7~3m 정도로 한다.

2) 진열장 규모

-진열장(show case)의 높이는 100cm, 폭은 60~70cm, 길이는 180cm 정도로 해서 카운터와 겸용할 수 있고 고객과 종업원이 대면할 수 있는 경계가 되도록 한다.

(5) 매장 계획

1) 평면계획조건

-매장 전체의 시야가 확보 되도록 계획한다.

-전체적으로 다양한 배치가 가능하도록 공간구성에 융통성이 있도록 한다.

-같은 층에는 가능한 바닥의 레벨차를 두지 않는다.

-고객이 매장전체를 고르게 접근할 수 있도록 적소에 엘리베이터, 에스컬레이터, 계단 등을 배치한다.

-상품은 품목별로 위치를 선정하고 배치한다.

-VMD(Visual Merchandising)기법을 고려하여 상품 전시 공간을 결정한다.

-매장 규모는 점포 및 쇼 케이스 규모 및 위치에 따라 다르며 경간(span)에 따라 결정한다.

-고객 통로 폭은 평균적으로 1.8m이상으로 하고 1층의 통로 폭은 다른 층보다 더 넓게 계획한다.

-각 층의 엘리베이터, 에스컬레이터, 로비, 계단 등의 주된 통로는 2.7~3.0m 정도의 폭을 갖도록 한다.

2) 매장 상품배치

-최소 인원으로 최대의 매상고를 올릴 수 있도록 매장을 구성하고 배치한다.

-연관된 상품 그룹을 선정하여 매장과 매장이 서로 자연스럽게 연결되도록 한다.

-전략적 상품그룹과 수익성이 높은 상품 그룹은 주요 동선이 나타나는 엘리베이터, 에스컬레터에 인접하여 배치한다.

-판매가 부진한 상품이 배치된 장소에 인기 상품을 배치하여 부진한 상품 판매를 촉진한다.

-층별, 단위별로 상품의 성격 및 주제를 명확히 설정하여 배치하는 것이 중요하다.

3) 진열장 배치유형

-진열장(show case) 배치유형은 평면계획의 근본이 되며 주로 경간(span)의 크기, 운영방식, 고객동선의 계획여부에 따라 결정된다.

① **직각(직교) 배치**

-가장 보편적이고 균일한 배치로 진열장의 규격화가 가능하나 동선 및 매장공간이 지루하고 단조로울 수 있다.

-매장의 공간 이용률을 최대로 확보할 수 있고 면적을 최대한 이용할 수 있다.

-고객 통행량에 따라 통로 폭을 조절하기 어려워 일부 혼란을 발생시킬 수 있다.

-간단히 설치할 수 있어 비용이 저렴하나 동선의 혼란이 발생할 수 있다.

② **사행 배치**

-주통로를 직각배치하고 보조통로를 평면상 사선으로 배치하는 유형이다.

-많은 고객이 매장 구석까지 접근하기 쉽지만 다양한 형태의 진열장이 많이 필요하다.

-진열장을 사선으로 배치하기 때문에 동선 이용상 변화를 줄 수 있다.

-다양한 크기와 모양의 진열장이 필요해서 설치비용이 많이 소요된다.

③ **방사 배치**

-엘리베이터와 에스컬레이터와 같은 수직동선 요소를 중심으로 통로를 방사형으로 배치한 유형으로 고객의 동선이 명확하고 동선을 다소 길게 연출할 수 있다.

-매장의 인지도가 다른 유형에 비해 비교적 높다.

-통로공간이 많이 확보할 수 있으나 매장 규모 증가로 공간 이용 효율이 낮다.

④ **자유유선 배치**

-상품 성격, 고객의 유동 방향에 따라 자유로운 곡선형 및 원형으로 배치한 유형

-개성있는 연출이 가능하지만 진열장 제작비가 고가이다.

-매장의 변경 및 이동이 곤란하다.

-매장의 획일성 탈피와 상품의 개성을 고려하여 독특한 배치가 가능하다.

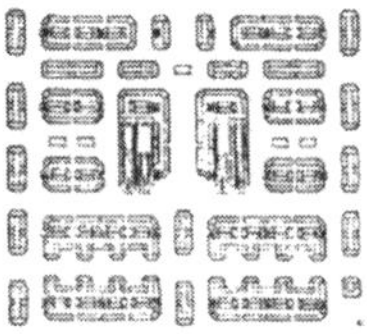

(a) 직각 배치

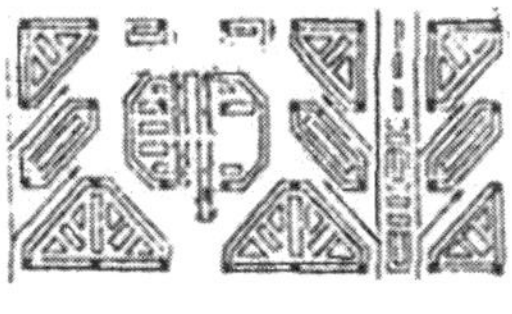

(b) 사행 배치

(c) 방사 배치

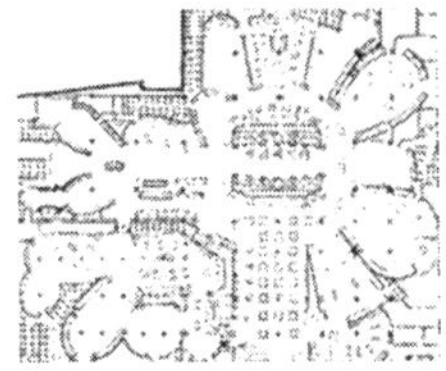

(c) 자유유선 배치

그림 9.4. 진열장의 배치유형

9.4. 입 · 단면 계획

(1) 무창 계획

-백화점은 일반적으로 입면을 무창으로 계획한다.

-무창계획은 창을 통한 채광 및 역광으로 인해 상품 진열 · 전시 및 홍보가 불리해지는 단점을 피하기 위해 외벽에 창을 계획하지 않는 방법이다.

-무창 계획으로 외벽면에 상품전시가 가능하여 진열면적을 늘릴 수 있고 인공조명을 사용해 균일한 조도를 유지할 수 있다.

-매장 내 냉·난방 효율이 증가하여 이에 따른 경제적 효과를 거둘 수 있으나 화재나 정전시 고객들이 혼란에 빠질 우려가 있으며 채광과 통풍에 불리하여 전기 및 공기조화시설에 세밀한 관리가 요구된다.

(2) 층고 계획

-외부에서 매장내로 들어섰을 때 심리적으로 시원한 느낌을 주고 전시효과를 높이기 위해 1층 높이는 보편적으로 기준층보다 높게 계획하는 것이 좋다.

-반면에 기준층 층 높이는 건축비 절감 및 효율적인 조명이나 공조시스템 운영을 위해 심리적·기능적 조건을 충족시키는 범위 내에서 최소한으로 낮추는 것이 경제적이다.

표 9.6. 백화점의 층고

시설	층고
1층	3.5~5.0mm
기준층	3.3~4.0mm
지하층	3.4~5.0m
최상층	연회장이나 식당 등으로 사용되는 경우는 기준층보다 높게 계획함.

9.5. 세부 계획

(1) 출입구

-고객출입구, 상품출입구, 종업원출입구로 구분해서 배치하되 가급적 모서리에 배치하는 것은 피한다.

-매장 내부로 진입하는 고객출입구는 도로에 면하여 30m마다 1개소씩 설치한다.

-매장내 엘리베이터, 홀, 계단으로의 통로, 주요 쇼윈도우 통로를 향해 출입구를 배치한다.

-고객 출입구는 정체현상을 막기 위해 엘리베이터와 에스컬레이터에 너무 근접시키지 않는다.

(2) 엘리베이터

-에스컬레이터보다 수송이 계획적이지 못하고 수송량도 적어서 백화점에서 보조적인 운송수단의 역할을 하지만, 소요면적이 작고 승강이 동시에 병행되어 경제적이다.

-가급적 집중 배치가 좋으나 설치 대수가 6대 이상일 경우는 분산 배치한다.

-사용용도에 따라서 고객용, 화물용, 사무용으로 구분하여 배치한다.

-다수의 운반을 위해서는 대수를 늘리는 것보다 1대의 용량을 크게 하는 것이 경제적이다.

표 9.7. 백화점의 엘리베이터 계획

구분	내용
대수	▸ 연면적 2000~3000㎡당 15~20인승 규모 1대씩 산정하는 것이 보편적이다. ▸ 연면적이 5000㎡이상인 건축물은 승용승강기 중 1대 이상을 지체부자유자가 이용 가능한 구조로 계획한다.
대수 결정 산출식	▸ S(5분간 엘리베이터 1대가 운반하는 인원수)=60×5×P(정원)/T(일주시간(초)) ▸ 엘리베이터 대수 = 5분간 실제 운행해야 할 인원수/S
크기	▸ 폭 2.1~2.5m, 깊이 1.6~2.0m 규모로 폭을 길이보다 넓게 계획한다.
승강차 면적	▸ 1㎡(최대 5명), 2㎡(최대 12명), 3㎡(최대 20명), 4㎡(최대 30명) ▸ 보통 고객 1인당 0.2㎡이상으로 산정한다.

(3) 에스컬레이터

-백화점의 대표적인 수송수단으로서 매장전체를 여러 각도에서 관찰할 수 있다.

-승강을 위한 고객의 대기 시간이 소요되지 않는다.

-설치 시 7~8m 이상의 보 간격을 확보해야 한다.

-경사도는 30도 이하로 하고 층높이의 1.73배가 이상적이다.

-수송량이 엘리베이터의 약 10배로서 백화점 수송수단 중 가장 크고 수송량에 비해 점유 면적이 작다.

-설치비용이 고가이고 구조 및 설비관리, 안전성에 대해 면밀한 주의가 요구된다.

-에스컬레이터의 배치형식은 다음과 같다.

표 9.8. 에스컬레이터의 배치형식 및 특징

배치형식	특징	단면
직렬식	▪ 고객의 시야가 가장 넓고 크다 ▪ 점유면적이 가장 크다. ▪ 고객 시선이 1방향으로만 한정된다.	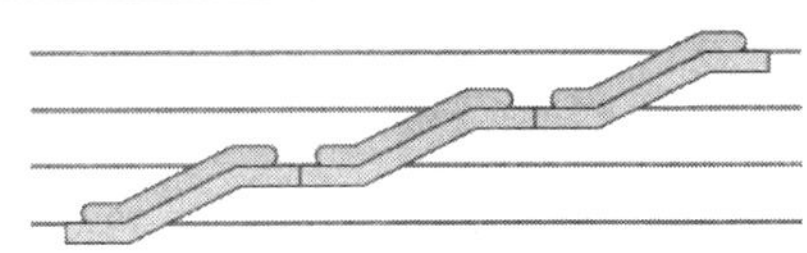
병렬 단속식	▪ 점내를 내려다 보기 좋다. ▪ 연속승강이 불가능하다. ▪ 고객 시선이 1방향으로만 한정된다. ▪ 점유면적이 크다.	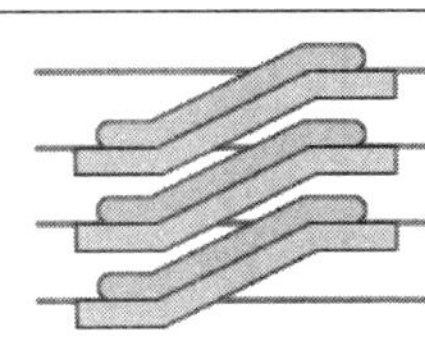
병렬 연속식	▪ 점내를 내려다 보기 좋다. ▪ 연속승강이 가능하다. ▪ 점유면적이 작다.	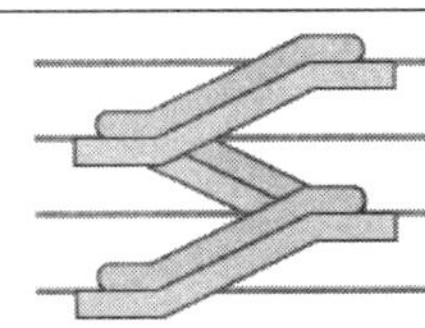
교차식	▪ 연속승상이 가능하다 ▪ 시계가 좋지 않아 매장의 전망이 나쁘다. ▪ 점유면적이 가장 작다.	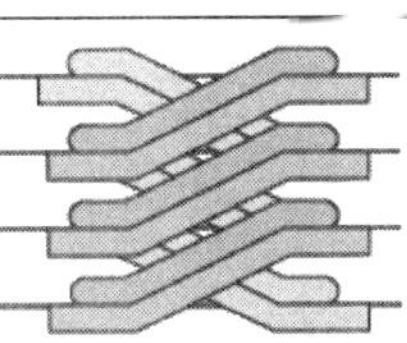

-에스컬레이터의 폭과 수송능력은 다음과 같다.

표 9.9. 에스컬레이터의 규모 및 수송능력

폭(m)	수송능력	적정수용인원
0.6	4,000명/h	성인1인
0.9	6,000명/h	성인1인, 아동1인
1.2	8,000명/h	성인2인

(4) 화장실

-각 층의 주계단, 엘리베이터 또는 로비부근에 배치하는 것이 바람직하다.

-필수적으로 전실을 설치하여 매장으로 냄새방지 및 시각적 보호를 유지해야 한다.

-화장실내 변기수는 고객용과 종업원용으로 구분하여 설치한다.

표 9.10. 고객과 종업원용 화장실 시설 산정기준

고객용	남자용	대변기와 세면기	매장면적 1,000㎡당 1개
		소변기	매장면적 700㎡당 1개
	여자용	변기와 세면기	매장면적 500㎡당 1개
종업원용	남자용	대변기와 세면기	50명당 1개
		소변기	40명당 1개
	여자용	변기와 세면기	30명당 1개

(5) 조명계획

-조명은 쇼윈도우 조명, 판매장조명, 쇼케이스 조명, 전체 조명 등으로 구성되며 쇼윈도우 조명은 현휘방지, 광원숨김, 반사방지, 열 영향 등을 고려해 계획해야 한다.

-쇼케이스 조명은 전체조명의 1.5~2배 정도 높은 조도가 요구되고 중점상품은 3~4배의 조도가 필요하다.

-판매장 조명은 진열구조, 상품 종류 및 배치에 따라 적절한 조명방식을 채택해야하며 직접조명방식과 간접조명방식으로 분류된다.

-1층 매장은 고객에게 밝고 활기찬 느낌을 주기위해 전체적으로 1,000룩수(lux)이상의 조도가 요구되며 2층 이상은 1층보다 천장높이가 낮아서 매입형, 직부형의 형광등과 백열등을 활용한다.

(6) 고객 서비스 시설

-고객 서비스 시설은 문화·휴식시설(전시실, 소규모 공연 및 이벤트 시설, 휴게실 외식시설(식당, 커피숍 등), 스포츠·레저시설(스포츠 교실, 피트니스 센터), 보행공간, 안내카운터 등을 말한다.

-미용실, 촬영실, 음악감상실 등은 대체로 해당 상품을 판매하는 매장 근처에 계획하는 것이 좋다.

-연회실을 구성하는 경우 대체로 전체 연면적의 2~3%정도, 수용인원 300~500명 정도를 수용하는 규모로 산정한다.

-식당에는 커피숍과 휴게실을 부속하여 계획한다.

-휴식과 편의를 제공하는 고객 서비스 시설은 주로 고객이 많이 이용하므로 각 층의 성격을 고려하여 균등 분산 배치하는 것이 효율적이다.

(7) 종업원 관련시설

1) 사무시설

-사무시설로 중역실, 비서실, 일반사무실, 경리실, 응접실, 회의실, 영업실, 교육실 등이 해당되며 이들에 대한 계획 지침은 다음과 같다.

표 9.11. 사무시설의 계획 지침

시설	계획 지침
중역실, 비서실, 응접실, 회의실	판매장 및 상품창고와 인접한 위치에 설치한다.
경리실	출납실, 회계실, 금고실 등을 필요로 한다.
상담실	폭 70cm정도 카운터를 설치하며 응접실을 배치한다.
장비작업실	별도로 계획하는 경우가 많고 방화대책에 유의하여 계획한다.
관리작업실	자재 및 가구류에 대한 창고가 필요하다.
전기난방기계실	사무실, 작업실, 숙직실을 인접 설치하고 공동샤워실 등을 설치한다.

2) 교통시설

-종업원 전용 교통시설(출입구, 전용 엘리베이터, 계단 등)은 고객의 교통시설과 동선을 달리하여 계획하고 특히, 상품의 반입, 반출을 위한 출입구와 명확한 분리한다.

-1개 이상의 화물용 엘리베이터를 설치한다.

3) 서비스시설

-의무관계실, 휴게실, 탈의실, 락커실, 전용식당, 면회실 등이 해당되며 이들의 계획 지침은 다음과 같다.

표 9.12. 종업원 서비스 시설 계획 지침

시설	계획 지침
Time Recorder실	카드실을 타임레코더 전/후에 설치하고 카드 케이스를 벽면에 설치 타임 레코더 1대당 300~500명으로 산정
탈의실	Locker 박스는 1인 또는 2인용으로 하고 박스 크기는 폭 330~370mm, 깊이는 450mm 정도. 통로 폭은 1200mm, 탈의실 넓이는 1인당 0.45~0.6㎡로 산정
휴대품 검사소	통로 양쪽에 폭 360mm 카운터를 설치한 공간
종업원식당	모든 직원이 4~5명씩 교대로 식사할 수 있는 정도의 크기가 적합 식당면적 : 1좌석당 0.7~0.9㎡ 주방면적 : 식당면적의 1/3정도로 산정 전체적인 연면적에 대한 주방+식당 면적은 1.3~1.6%
의무관계실	넓이 : 직원 1인당 0.15~0.2㎡
기타	휴게실, 면회실, 도서실, 교육실 등

(8) 상품반입 시설

-상품 반입시설은 주차장 및 하역장, 반입실, 검사실 및 가격표시실 등으로서 그 반입과정과 반입시설 계획지침은 다음과 같다.

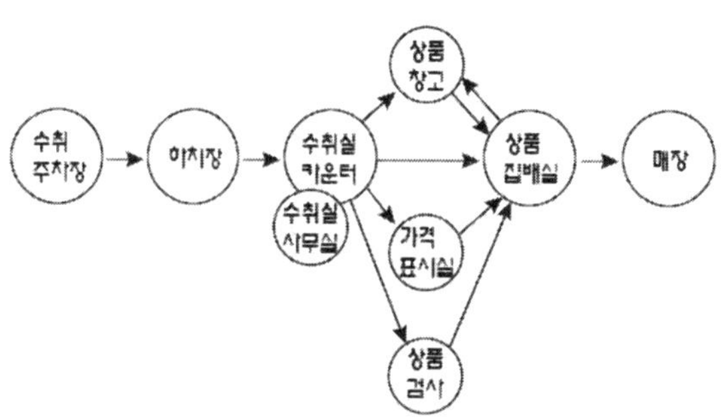

그림 9.5. 상품 반입 과정

표 9.13. 상품 반입시설의 계획 지침

시설	계획 지침
주차장	배면도로에 설치한다.
하치/하역실	하치장에는 플랫폼, 감시실 등 설치한다.
반입실	하역장에 면하여 폭 750mm의 카운터를 설치한다. 카운터의 후면에 분류대를 설치한다. 상품의 품질 및 수량 등을 체크하여 가격 표시실로 상품을 이동시킨다.
검사실	수취실에서 판매장 사이의 집배실 근처에 배치한다.
집배실	판매장 가까이에 설치한다.
가격표시실	폐점 후는 창고로 사용하는 경우가 많다.

(9) 상품관리 시설

1) 상품창고

-장기 보관 상품의 창고는 일반적으로 백화점 건물과 별도로 분리하여 설치한다.

2) 상품검사실

-상품의 품질, 강도 등 화학적, 물리적 실험을 거쳐 상품 품질을 선별하는 기능을 수행하도록 한다.

3) 배송시설

-상품 배송시설은 집배 사무실, 분류실, 포장실, 발송실 등으로 분류되고 배송 과정과 배송시설의 계획지침은 다음과 같다.

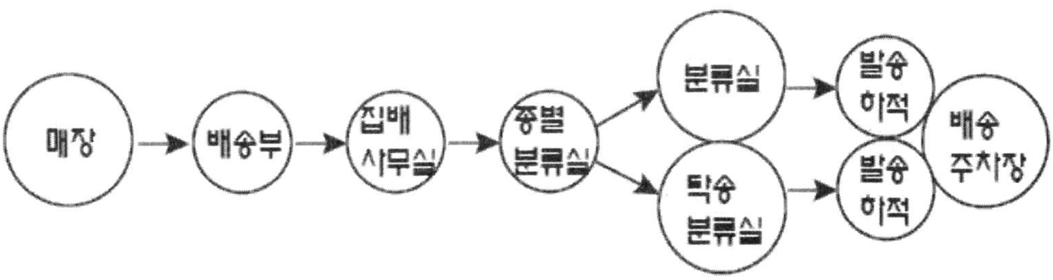

그림 9.6. 상품 배송 과정

표 9.14. 상품 관리시설 계획 지침

시설	계획 지침
집배실	지하층에 설치하고, 카운터와 사무실이 필요하다,
분류실	긴 카운터의 사무실을 두고 제1, 제2 분류실 등으로 공간을 구분하여 운영한다.
포장실	재료창고, 작업자 휴게실을 설치한다.
발송실	주차장에 인접하며 플랫폼 및 배송품 적재장을 설치한다.
주차장	배면도로 등에 설치하고 운전사, 적재작업원실, 차고 등을 설치한다.
기타	작업원용 샤워실, 화장실 등이 필요하다.

(10) 주차 계획

-차량을 이용하는 고객의 편의와 고객 유치를 고려하여 계획하되 다른 교통수단 및 도로 상황과의 관계를 고려하여 주차장의 위치와 규모를 결정한다.

표 9.15. 주차공간의 유형과 특징

<table>
<tr><th>유형</th><th colspan="2">특징</th></tr>
<tr><td rowspan="2">백화점 부속형</td><td colspan="2">주로 지하층이나 옥상층을 활용한 유형이다.
수용가능대수가 한정적이고 비경제적이다.</td></tr>
<tr><td>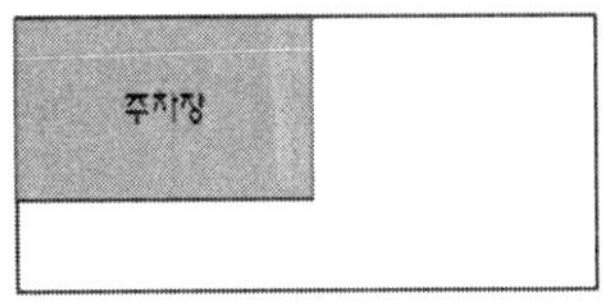
평면</td><td>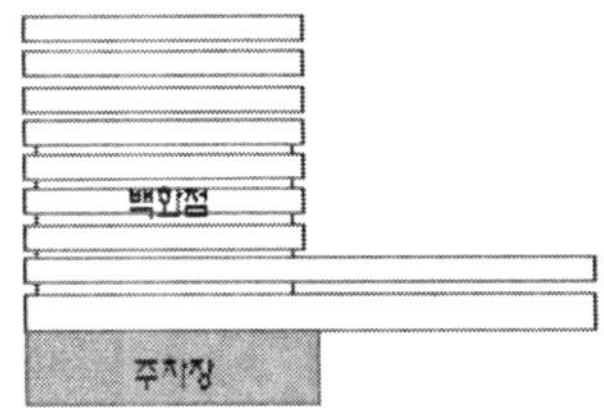
단면</td></tr>
<tr><td rowspan="2">별동형</td><td colspan="2">주차만을 위한 전용건축물을 별동으로 계획한 유형이다.
동일 대지내에 또는 200m이내 떨어진 인접 대지에 설치한다.</td></tr>
<tr><td>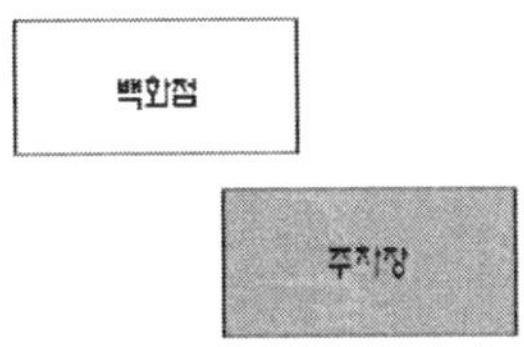
평면</td><td>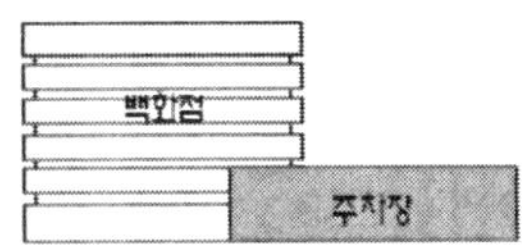
단면</td></tr>
<tr><td rowspan="2">입체식</td><td colspan="2">주로 주차타워와 같이 별도의 기계식 주차설비를 인접하여 설치하는 유형으로 순환방식과 왕복방식으로 구분됨.</td></tr>
<tr><td>
평면</td><td>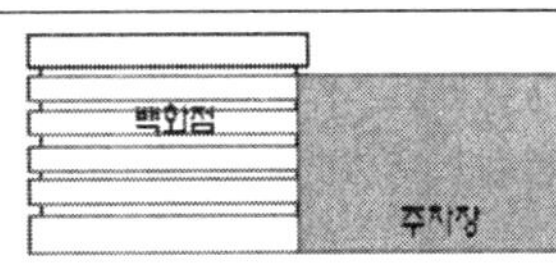
단면</td></tr>
</table>

(11) 공기조화 설비

-공기조화 시설의 면적은 전체 연면적의 3-4% 규모로 산정한다.

-천장 높이는 덕트 설치를 고려하여 최소 4m이상으로 계획한다.

-소요기계실은 전체 연면적의 4~5% 정도의 면적 필요하다.

-보일러, 냉동기 등 기계실은 대체로 지하층에 배치한다,

(12) 보행자 영역

-바닥면에 고저차를 두지 않도록 계획한다.

-바닥면에 사용하는 재료는 주위환경과 조화를 이루도록 계획한다.

-고객에게 변화감과 다채로움, 자극과 흥미를 제공한다.

-몰(mall)은 보행자 영역의 일부로서 고객을 각 상점에 유도하는 주요 보행자 동선인 동시에 고객의 휴식을 위한 기능을 갖는다.

-사람들의 유동적 동선이 방해되지 않는 범위에서 나무나 관엽식물을 둔다.

-몰의 길이 방향으로 20~30m 마다 변화를 주어 공간을 단조롭지 않게 한다.

-몰에는 확실한 방향성과 식별성이 나타나도록 한다.

-몰의 폭은 일반적으로 6~12m로 한다.

-몰에는 일체의 차량통행이 허용되지 않는다.

-몰의 곳곳에는 고객이 머무를 수 있는 비교적 넓은 공간인 코트(court)를 두어 휴식공간 및 각종 이벤트 진행 공간으로 활용할 수 있도록 한다.

OX 퀴즈

1. 백화점 에스컬레이터 배치방식 중 매장에 대한 고객의 시야가 제한되어 전망이 안좋은 방식은 병렬단속식이다. □

2. 엘리베이터는 에스컬레이터에 비해 소요면적이 크고 설비비가 높다. □

3. 백화점의 기능 권역 중 상품권과 고객권은 평면계획상 서로 밀접한 관계가 있다. □

4. 진열장 배치계획시 동선의 흐름을 우선적으로 고려한다. □

5. 백화점 에스컬레이터 배치형식 중 점유면적이 가장 작은 것은 교차식이다. □

6. 진열장 배치형식 중에서 자유유선형 배치는 전시에 변화를 주고 개성있는 연출이 가능한 형식이다. □

7. 공조실의 폭과 위치는 백화점 경간(기둥 간격)을 결정하는 주요 요인이다. □

8. 판매장 통행에 있어 진열장의 직각배치는 판매장 면적을 최대한 이용할 수 있다. □

9. 직각배치는 판매장이 단조로워지기 쉽다. □

10. 사행배치는 많은 고객이 판매장 구석까지 가기 쉬운 이점이 있다. □

11. 자유 유선배치는 매장의 변경 및 이동이 쉬우므로 계획에 있어 간단하다. □

12. 엘리베이터는 에스컬레이터보다 수송이 계획적이지 못하고 수송량도 적어서 백화점에서 보조적 운송수단의 역할을 한다. □

13. 진열장 배치와 치수, 에스컬레이터 및 엘리베이터의 위치, 지하주차장의 주차방식과 주차폭은 백화점 경간을 결정하는데 영향을 주는 요소이다. □

14. 직각배치는 상호 교통로를 가깝게 연결하여 많은 고객이 매장 구석까지 가기 쉽다. □

15. 방사배치법은 매장 중심에서 방사형으로 통로를 두고 배치하는 방법이다. □

16. 연면적 대비 매장의 면적비는 60~70% 정도로 한다. □

17. 고객 통로 폭은 평균적으로 1.8m이상으로 하고 1층 통로 폭은 다른 층보다 더 넓게 계획한다. □

18. 백화점 기준층의 층고는 심리적·기능적 조건을 충족시키는 범위 내에서 최소한으로 낮춘다. □

19. 심리적으로 개방감을 주고 전시효과를 위해 백화점의 1층은 기준층보다 높게 한다. □

20. 백화점 상품 배치시 연관된 상품 그룹을 선정하여 매장과 매장이 서로 자연스럽게 연결되도록 한다. □

21. 에스컬레이터는 승강을 위한 고객의 대기 시간이 소요되지 않는 백화점에 적합한 수송수단이다. □

22. 고객 출입구는 엘리베이터와 에스컬레이터에 최대한 근접시킨다. □

23. 몰(mall)은 보행자 영역의 일부로 고객을 각 상점에 유도하는 주요 보행자 동선인 동시에 고객의 휴식을 위한 기능을 갖는다. □

24. 몰의 폭은 일반적으로 6~12m로 한다. □

25. 몰의 길이 방향으로 20~30m 마다 변화를 주어 공간을 단조롭지 않게 한다. □

26. 백화점의 보행자 영역에는 바닥면에 고저차를 두어 공간의 다양성을 연출한다. □

27. 몰은 일체의 차량통행이 허용되지 않는다. □

28. 장기 보관 상품의 창고는 일반적으로 백화점 건물과 별도로 분리하여 설치한다. □

30. 백화점은 채광 및 역광으로 인해 상품 진열·전시 및 홍보가 불리해지는 단점을 피하기 위해 입면을 무창으로 계획한다. □

10
호텔

10.1. 기본 사항
정의
기능
유형

10.2. 대지 계획
대지 조건
조닝(zoning)

10.3. 평면 계획
동선 계획
시설 기준
공간별 면적 구성
기준층 계획

10.4. 세부 계획
접객 공간, 객실, 식당,
주방, 연회장, 서비스 공간

10.1. 기본 사항

(1) 정의

-호텔은 영리를 목적으로 관광이나 비즈니스 목적으로 특정 장소를 찾아온 여행자들에게 숙박 공간과 함께 식사, 오락, 연회 등의 부가 서비스를 제공하기도 하는 건축물이다.

(2) 기능

표 10.1. 호텔의 기능

기능	소요 공간
관리	프론트 오피스, 클로크룸, 지배인실, 사무실, 공작실, 창고, 종업원 관계 제실 및 이에 부수되는 변소, 복도, 전화교환실
숙박	객실, 보이실, 메이트실, 린넨실, 트렁크룸, 공동욕실
공용	현관, 홀, 로비, 라운지, 식당, 연회장, 오락실, 바, 다방, 무도장, 그릴, 담화실, 독서실, 진열장, 이미용실, 엘리베이터, 계단, 정원
요리	배선실, 부엌, 식기실, 창고, 냉장고
설비관계	보일러실, 전기실, 기계실, 세탁실, 창고
대실	상점, 창고, 임대사무소, 클럽실

(3) 유형

1) 시티호텔

① **커머셜 호텔(commercial hotel)**

-비즈니스 목적의 여행자를 위한 호텔이다.

-집회나 연회 목적으로 이용될 수 있으므로 교통이 편리한 도심에 위치한다.

-한정된 면적의 대지 위에 건축되므로 고층형식이 많다.

② **레지덴셜 호텔(residential hotel)**

-단기 체류하는 일반 여행자들을 대상으로 한 호텔이다.

-커머셜 호텔보다 규모는 작으나 시설이 고급이다.

③ **아파트먼트 호텔(apartment hotel)**

-장기 체류하는 이들에게 적합한 호텔이다.

-객실에 주방과 셀프 서비스 시설을 갖추어야 한다.

④ **터미널 호텔(terminal hotel)**

-공항, 철도역, 버스터미널, 부두 등과 같은 교통의 터미널에 위치한 호텔이다.

2) 리조트 호텔

-관광객이나 휴양객이 주된 이용자가 되는 호텔이다.

-산장호텔, 해변호텔, 온천호텔, 스키호텔, 스포츠 호텔, 클럽하우스 등이 있다.

-클럽하우스(club house)는 스포츠나 레져시설 위주로 계획된다.

-재해에 대한 위험이 적고 전망과 경치가 좋은 관광지에 입지해야 한다.

- 장래의 증축을 고려해야 한다.

3) 콘도미니엄(condominium)

-가족단위를 수용할 수 있는 시설을 갖춘 분양호텔이다.

-객실에 취사시설이 마련된다.

-개인이나 공동으로 소유되며 관리는 관리회사가 맡는 경우가 대부분이다.

-프라이버시가 최대한으로 보장되어야 한다.

-대개 5인 정도를 수용할 수 있는 규모로 객실이 계획된다.

4) 모텔(motel)

-모터리스트 호텔(motorist hotel)의 줄임말로서 자동차 여행자를 위한 숙박시설이다.

5) 유스호스텔(youth hostel)

-청소년의 국제 활동을 위한 간이 숙소로 보통 1실당 20명 이하를 수용한다.

① **여행호스텔**

-여행 도중에 이용할 수 있는 가장 일반적인 호스텔이다.

② **휴가호스텔**

-휴가 중 사용 가능한 하계호스텔, 동계 호스텔, 주말 호스텔 등이 있다.

10.2. 대지 계획

(1) 대지 조건

1) 시티 호텔

-시티호텔은 교통이 편리한 도심이 입지로 적합하다.

-개방성이 충분하고 대중과의 접촉이 쉬운 대지가 유리하다.

-주차공간이 여유로운 곳이 입지로 바람직하다.

-인근 호텔과의 경영상의 경쟁과 제휴가 이루어질 수 있는 곳으로 입지를 정하는 것이 좋다.

2) 아파트먼트 호텔

-아파트먼트호텔은 채광, 환기, 통풍과 같은 거주 환경이 좋은 곳이 입지로 적합하다.

3) 리조트 호텔

-전망과 풍광이 좋은 관광지가 입지로 적당하다.

-재해 위험이 없는 곳이 입지로 이상적이다.

-계절풍에 대해 이상적인 환경조건을 충족시켜줄 수 있는 대지가 바람직하다.

-장래의 증축을 고려하여 증축 예정지가 확보되어야 한다.

-전망이 좋은 곳으로 객실의 방위를 정한다.

(2) 조닝(zoning)

-대지 및 건물에서 연회장, 욕실, 상업시설의 공공부분, 객실 부분을 조닝하여 배치한다.

-객실과 연회손님의 접근을 분리하며 관리 서비스의 교통은 별도로 취급한다.

-여러 계통의 접근체계와 고객의 자동차 동선을 고려한 교통계획이 중요하다.

-주접근도로-주현관-주차장의 3각 관계가 대지 내에서 원만히 순환되도록 한다.

-객실부는 대지 주변으로부터 프라이버시 충분히 확보되도록 한다.

10.3. 평면 계획

(1) 동선 계획

1) 투숙객 동선

-주차장에서 내린 손님이 입구와 프론트를 거쳐 객실이나 공공부분으로 접근할 수 있도록 한다.

-손님이 프론트를 통해서 외부로 출입하도록 한다.

2) 종업원 동선

-종업원용 입구와 갱의실을 거쳐 주방이나 서비스 부분으로 접근할 수 있도록 한다.

-종업원 동선은 가능하면 객실 동선과 겹치지 않게 한다.

3) 물품 반입동선

-호텔 서비스용 반입경로와 객실 수하물용 입구를 분리한 2개의 경로를 주요 동선으로 한다.

(2) 시설 기준

-호텔의 시설기준은 다음과 같다.

표 10.2. 호텔의 시설기준

시설구분		호텔 갑류	호텔 을류
객실	객실수	15실 이상	10실 이상
	바닥면적	9㎡ 이상	8㎡ 이상
	출입구, 창	시건장치	좌동
	객실과 객실 또는 복도와의 사이	벽으로 칸막이	좌동
	설비	옷장, 전화, 벨, 응접탁자와 의자 등	좌동
	위생설비	수세식변기, 욕조 또는 샤워설비, 세면설비	좌동
기타설비		환기, 채광, 조명, 방습, 방취설비	좌동
공동 화장실		수세식 화장실 남녀구분, 방충망, 방취설비	좌동
외기에 면한 개구부		방충이 필요할 경우에 방충망 설치	좌동

(3) 공간별 면적 구성

-호텔 종류에 따른 공간별 면적 구성은 다음과 같다.

표 10.3. 호텔 종류에 따른 공간별 면적 구성

	리조트호텔	시티호텔	아파트먼트호텔
객실당 연면적	40~19㎡	28~50㎡	70~100㎡
숙박부 면적비(연면적에 대한)	41~56%(50%)	49~73%(60%)	32~48%(40%)
공용면적비(연면적에 대한)	22~38%(30%)	11~30%(20%)	35~58%(45%)
관리부 면적비(연면적에 대한)	6.5~9.3%		
설비면적비(연면적에 대한)	약 5.2%		
1객실당 로비면적	3~6.2㎡	1.9~3.2㎡	5.3~8.5㎡

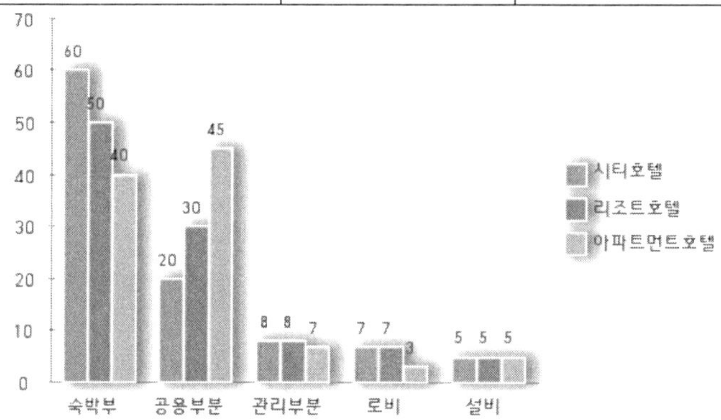

(단위: %)

(4) 기준층 계획

-기준층은 고층 호텔에서 층별로 같은 평면형이 반복되어 나타나는 대표적인 층을 말한다.

1) 기준층 평면형

① **H자형**

-거주성은 좋지 않지만 외기와 접한 면을 최대로 할 수 있다.

② **T자, Y자, 십자형**

-객실의 동선상 유리하나 공간 효율면이나 저층형 호텔에는 불리하다.

③ **□, △, ○형**

-기준층의 객실수에 한계가 있고 증축이 어렵다.

④ **편복도 ㅡ자형**

-일반적으로 가장 단순하고 가장 많이 쓰이는 형태이다.

⑤ **중복도형**

-복도의 채광과 환기가 어려우므로 인공조명 및 환기설비를 이용해야 한다.

⑥ **복합형**

-위의 평면형들을 복합시킨 형태이다.

2) 기준층(숙박부)과 공공부분의 연결방식

① **밀집형**

-저층부를 기단모양으로 하고 그 위에 숙박부를 올린 형으로 도시의 고층건물에 적합하다.

② **인접형**

-숙박부분과 공공부분이 인접되어 있는 형으로 각 부분마다 최적의 구조와 설비가 계획될 수 있으므로 경제적이고 넓은 대지의 호텔에 적합하다.

③ **개방형**

-숙박부분이 넓은 대지에 분산된 방식으로 넓은 대지를 이용할 수 있고 리조트 호텔에 적합하다.

3) 기준층 계획시 특기사항

-기준평면의 규격과 구조적 모듈을 전체적으로 통일한다.

-최소 경간(span)은 2실이 배치되는 간격으로 한다.

-경간 = (최소의 욕실 폭 + 객실 출입구 폭 + 반침 폭) × 2배

-기준층에는 서비스실, 배선실, 엘리베이터, 계단실 등을 동일한 위치에 배치한다.

-객실의 유형, 구조, 설비, 동선 계획 외에도 피난계획, 방재계획에 주의한다.

4) 기준층 한 층당 객실수

-엘리베이터가 없을 때: 평균 19실

-엘리베이터가 있을 때: 평균 55실

5) 화장실

-공용부분(public space)의 층에서 60m이내마다 설치

-종업원 화장실은 따로 설치하여 고객과의 혼용을 방지한다.

6) 복도

-중복도인 경우에 1.6m이상, 편복도인 경우에 1.2m이상의 복도 폭을 확보한다.

7) 계단

-계단 폭은 1.4m 이상, 단높이는 18cm이상, 단너비는 26cm이하로 한다.

10.4. 세부 계획

(1) 접객 공간

1) 현관

-현관은 투숙객의 최초 도착장소로서 프론트 데스크와 접속이 원활해야한다.

-현관은 호텔의 외부 접객장소로서 홀, 로비, 라운지와 기능적으로 연계된다.

2) 로비(lobby) 및 라운지(lounge)

-휴식, 독서, 사교, 면회, 담화 등의 다목적 공간으로 계획한다.

-프론트 오피스와 접속이 용이하고 계단이나 엘리베이터를 통해 객실이나 각종 편의시설로 쉽게 접근할 수 있는 장소로 계획한다.

-동선의 흐름이 원활하도록 공간을 구성해야 한다.

-고급스럽고 개성적 분위기 연출을 위한 인테리어 디자인을 고려할 필요가 있다.

3) 프론트 오피스(front office)

-호텔운영의 중심부로서 고객 확인 및 접수, 객실 배정, 통신, 각종 정보 제공, 현금 출납 등의 업무가 이루어지는 공간이다.

-프론트 데스크(front desk)의 높이는 약 1m로 한다.

-업무가 신속하고 합리적으로 처리될 수 있는 시스템이 필요하다.

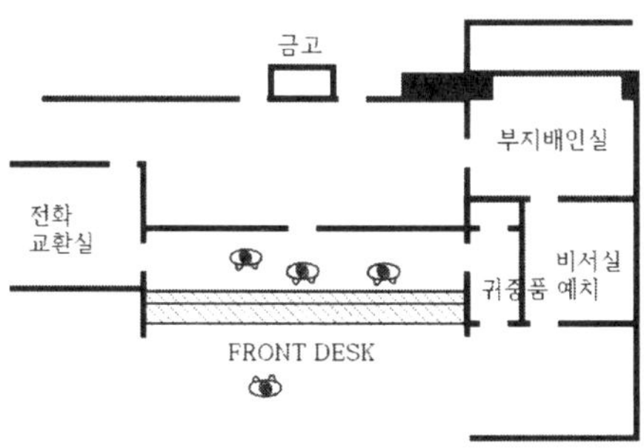

그림 10.1 프론트 오피스 평면 구성

4) 지배인실

-외부 방문객이 인지하기 쉬운 곳에 배치한다.

-누구나 자유롭게 출입하고 상담할 수 있는 위치에 배치하고 후문으로 통하게 한다.

5) 외투실(cloak room)

-호텔 내 극장, 식당, 캬바레 등 외래객이 그 입구에서 외투 등을 맡기는 공간

-고객의 소지품을 안전하게 보관할 수 있어야 한다.

(2) 객실

1) 평면형

-평면형은 침대, 벽장, 욕실, 화장실의 위치에 의해 결정된다.

-일반적인 객실 평면형의 종횡비는 0.8~1.6으로 한다.

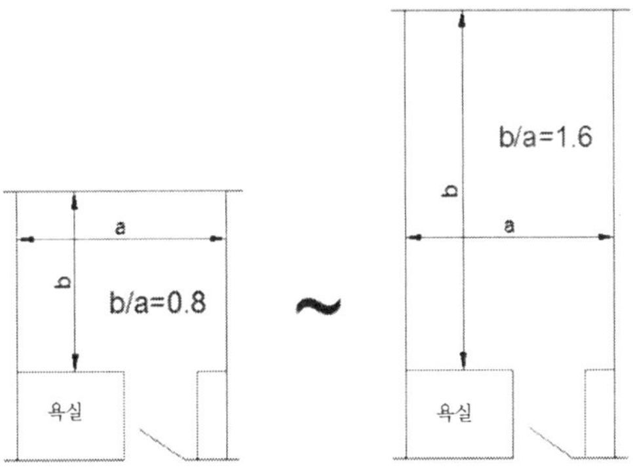

여기서, a: 횡방향 길이, b: 종방향 길이

그림 10.2. 객실 평면형의 종횡비

2) 크기

표 10.4. 객실 크기

실의종류	실폭	실깊이	층높이	출입문의 폭
1인용실	2~3.6m	3~6m	3.3~3.5m	0.85~0.9m
2인용실	4.5~6m	5~6.5m		

표 10.5. 객실 종류별 1객실의 평균면적

실의종류	싱글	더블	트윈	스위트(Suite)
평균면적	18.55㎡	22.41㎡	30.43㎡	45.89㎡

표 10.6. 욕실 크기

욕실 내 시설	가로	세로	면적
세면기, 변기	1.25m	0.75m	1.5㎡
세면기, 변기, 샤워	1.5m	1.2m	2.5㎡
세면기, 변기, 욕조	1.14m	1.9m	3.9㎡

표 10.7. 침대크기

종류	크기
King	보통 1,650×2,100 (Queen이상의 크기이면 King으로 본다.)
Queen	1,500×2,000
Double	1,400×2,000
Single	1,000×2,000
Super single	1,100×2,000

3) 객실 창

-객실의 창문은 가구 배치에 용이하도록 한쪽 면에만 설치하는 것이 좋다.

-방음과 단열 성능이 좋은 창을 설치한다.

-채광과 전망이 좋은 곳에 설치한다.

4) 욕실

-1인용 욕실과 2인용 욕실의 면적 비율은 1:2 또는 1:3으로 하며 커머셜 호텔을 제외한 호텔의 욕실은 2인용을 표준으로 한다.

그림 10.3. 호텔의 객실 사례

(3) 식당

-호텔 내 식당은 투숙객뿐만 아니라 외래 방문객이 대상이므로 접근성과 개방성이 좋아야 하며 호텔의 종류와 위치, 이용자 계층, 이용 빈도, 계절적 영향 등에 따라 규모와 종류가 결정된다.

-커머셜(비즈니스) 호텔 식당은 다른 호텔에 비해서 절반의 면적이면 충분하다.

-식당 면적은 1평(3.3㎡) 당 2~2.5명을 수용하는 것으로 본다.

-식당 면적은 1.1~1.5㎡/석으로 산정하며 시티호텔에서는 총 수용인원의 60%, 리조트 호텔에서는 총 수용인원의 80%에 해당하는 만큼 의자개수를 산정한다.

그림 10.4. 호텔의 식당 사례

(4) 주방

-주방은 레스토랑, 바, 연회장 등 여러 식음공간과의 관계 뿐 아니라 각 실로 룸서비스를 포함하는 호텔 전체 서비스를 고려하여 계획되어야 한다.

-주방은 능률적이고 경제적이며 위생적이어야 한다.

-전체 식당 면적 중에서 주방이 차지하는 면적은 44~75% 정도로 하고 주방 중에서 조리실의 면적은 전체 식당면적 중 25~30%가 적당하다.

-주방에는 식기와 식품을 저장할 수 있는 실인 팬트리(pantry)를 설치한다.

(5) 연회장

-각종 연회, 공연, 회의실로 활용되는 다목적 홀로써 1인당 소요면적은 대연회장의 경우에 1.3㎡/인, 중 · 소연회장 1.5~2.5㎡/인, 회의실 1.8㎡/인 정도가 적당하다.

-연회장에는 6~10인용 라운드 테이블과 10인용 이상의 대형 테이블을 배치할 수 있다.

(6) 서비스 공간

1) 벨보이실과 룸서비스실

-기준층 코어에 인접하여 배치한다.

-벨보이실에는 휴식과 숙직을 위한 편의가 제공되어야 한다.

-간단한 음식 및 침구 제공, 청소를 지원할 수 있도록 룸서비스실을 계획한다.

-화물 및 손님의 트렁크 운반을 위해 별도의 엘리베이터와 트렁크실을 둔다.

-린넨실의 규모에 따라 보이가 상주하는 벨보이실을 둔다.

-각 실의 침대 150개당 리프트 1개를 매층에 설치하며 25~30실이 추가될 때 마다 리프트를 추가한다.

2) 린넨실

-객실에서 사용하는 침구, 수건, 비누 등의 물건이나 투숙객의 세탁물 등을 보관할 수 있도록 한다.

3) 트렁크룸

-투숙객의 짐을 운송하기 위한 화물엘리베이터를 설치한다.

OX 퀴즈

1. 아파트먼트 호텔은 장기간 체제하는데 적합한 호텔로서 각 객실에는 주방 설비를 갖추고 있다. □

2. 리조트 호텔은 장래의 증축을 고려할 필요가 없다. □

3. 터미널 호텔은 시티호텔(city hotel)의 분류에 속한다. □

4. 리조트 호텔은 조망 및 주변경관을 조건이 좋은 곳에 위치하는 것이 좋다. □

5. 호텔의 식당은 투숙객뿐만 아니라 외래 방문객을 대상으로 하므로 접근성과 개방성이 좋아야 한다. □

6. 해변 호텔은 리조트 호텔에 속한다. □

7. H자형 평면의 호텔은 거주성은 좋지 않지만 외기와 접한 면을 최대로 할 수 있다. □

8. 현관은 호텔의 외부 접객장소로서 홀, 로비, 라운지와는 기능적으로 완전히 분리한다. □

9. 벨보이실과 룸서비스실은 기준층 코어에 인접하여 배치한다. □

10. 호텔에서 벨보이실, 메이트실, 린넨실은 공용공간(public space)에 속하는 소요실이다. □

11. 호텔에서 프론트 오피스, 지배인실, 사무실, 클로크룸, 창고, 종업원 관계 제실은 관리기능을 갖는 공간에 속한다. □

12. 호텔에서 프론트 데스크(front desk)의 높이는 약 1m로 한다. □

13. 호텔에서 일반적인 객실 평면형의 종횡비는 2.0~2.5로 한다. □

14. 호텔의 린넨실은 객실에서 사용하는 침구, 수건, 비누 등의 물건이나 투숙객의 세탁물 등을 보관하는 곳이다. □

15. 공용부분(public space)의 층에서 화장실은 30m이내마다 설치한다. □

16. 호텔에서 팬트리(pantry)는 주방 식기와 식품을 저장하는 공간이다. □

17. 레지덴셜 호텔(residential hotel)은 단기 체류하는 일반 여행자들을 대상으로 하는 호텔로 커머셜 호텔보다 규모가 크지만 시설 수준이 낮다. □

18. 모텔(motel)은 모터리스트 호텔(motorist hotel)의 줄임말로서 자동차 여행자를 위한 숙박시설이다. □

19. 콘도미니엄(condominium)은 가족단위를 수용할 수 있는 시설을 갖춘 분양호텔이다. □

20. 유스호스텔(youth hostel)은 청소년의 국제 활동을 위한 간이 숙소이다. □

21. T자, Y자, 십자형 평면의 호텔 기준층은 객실의 동선상 유리하나 공간 효율면이나 저층형 호텔에는 불리하다. □

22. 숙박부와 공공부분의 연결방식 중 밀집형은 저층부를 기단모양으로 하고 그 위에 숙박부를 올린 형으로 도시의 고층호텔에 적합하다. □

23. 숙박부분과 공공부분이 인접되어 있는 형식(인접형)의 호텔은 다른 형식에 비해 소규모 대지를 갖는 호텔에 적합하다. □

24. 개방형 호텔은 숙박부분이 넓은 대지에 분산된 방식으로 넓은 대지를 이용하는 리조트 호텔에 적합하다. □

25. 호텔의 기준층에는 서비스실, 배선실, 엘리베이터, 계단실 등을 동일 위치에 배치한다. □

26. 호텔 기준층 편복도 폭의 최저기준은 1.6m이다. □

27. 호텔의 로비는 휴식, 독서, 사교, 면회, 담화 등의 다목적 공간으로 계획한다. □

28. 호텔의 지배인실은 외부 방문객이 접근하지 못하도록 통제되어야 한다. □

29. 호텔 객실의 층높이는 4~4.5m가 적합하다. □

30. 호텔의 프론트 오피스(front office)는 호텔운영의 중심부로서 고객 확인 및 접수, 객실 배정, 통신, 각종 정보 제공, 현금 출납 등의 업무가 이루어지는 공간이다.. □

11 병원

11.1. 기본 사항

(1) 정의

-병원(hospital)은 질병이나 질환에 대한 의료서비스를 제공하고 처방을 내리거나 수술요법을 시행하는 의료시설로서 경우에 따라서는 환자가 입원하여 치료를 받을 수 있는 건물이다.

(2) 기능

-병원을 구성하는 공간별로 수행되는 기능을 정리하면 다음 표와 같다.

표 11.1. 공간별 기능

공간	기능
외래진료부	매일 외부에서 방문하는 출입환자를 취급한다.
병동부	입원을 통한 장기치료환자를 치료한다.
중앙진료부	수술, 분만, 물리치료, 약처방, 각종 검사 등을 행한다.
관리, 서비스부(공급부)	급식, 세탁, 의무기록 등 병원 관리 및 서비스를 행한다.
설비, 폐기물처리시설	기계 및 전기실, 오물· 폐기물을 처리한다.

(3) 유형

1) 지역 및 규모에 따른 유형:

-대학병원, 도립병원, 보건소, 의원(개인진료소)

2) 치료 대상에 따른 유형

- 일반병원, 결핵병원, 정신병원, 나병원 등

11.2. 대지 계획

(1) 대지 조건

-소음, 진동, 매연, 먼지 등의 공해가 적은 곳이 병원 대지로 적합하다.

-양질의 급수량을 충분히 확보할 수 있고 원활하게 배수가 이루어질 수 있는 대지가 좋다.

-1km이내의 거리에서 도보로 찾아올 수 있는 이용자들이 많은 곳을 대지로 선정한다.

-전망과 풍광이 좋고 남쪽으로 약간 경사가 있는 곳이 바람직한 대지이다.

-병원의 대지에는 충분한 주차장이 확보되어야 한다.

-병원 건물의 향이 동남향이나 동서향으로 배치될 수 있는 대지가 적당하다.

-장래의 확장이 가능한 곳이 좋다.

(2) 배치 형식

1) 분관식(pavilion type, 분동식)

-저층의 건물들이 대지 내에 분산 배치된 형식.

-외래부, 부속진료시설, 병동을 각각 별동으로 분산시켜 브릿지로 연결하는 방식

-채광 및 통풍이 원활하다.

-넓은 대지가 필요하고 설비가 분산되며 보행거리가 길어진다.

2) 집중식(block type, 집약식)

-외래부, 부속진료시설, 병동을 하나의 건물에 집약한 형식.

-각 병실의 환경이 균일하지 못하다.

-채광과 통풍에 불리하지만 고층의 조망이 좋다.

-병동의 관리가 용이하다.

-도심의 대형 병원이 주로 채택하는 형식.

-재난시 환자의 피난이 어렵다.

-높은 용적률로 대지의 공간 이용효율이 좋다.

11.3. 평면 계획

(1) 규모 계획

-병원 규모는 병상(bed)수를 통해 산정하며 병원의 소요 병상 수는 아래와 같은 공식으로 산정한다.

소요병상수 = 연간 입원환자 실인원수 × 평균재원일수 ÷ 병상이용율 ÷ 365

-일반적으로 종합병원은 300병상 이상을 수용하면 대규모, 200병상 정도를 수용하면 중규모, 100병상 이하를 수용하면 소규모 병원으로 분류된다.

-1개의 병상에 대한 병원의 면적산정 기준은 다음과 같다.

표 11.2. 면적산정 기준

면적	기준
건축연면적	43~66㎡/bed
병동면적	20~27㎡/bed
병실면적	10~13㎡/bed

(2) 병원 면적 구성 비율

-보통 종합병원에서 가장 넓은 면적을 차지하는 것이 병동부로서 30~40%를 차지하며 그 다음 중앙 진료부 즉, 부속진료부가 약 20%를 차지하며 외래진료부가 약 13%, 관리부가 9%, 나머지 영역을 서비스부가 점유한다.

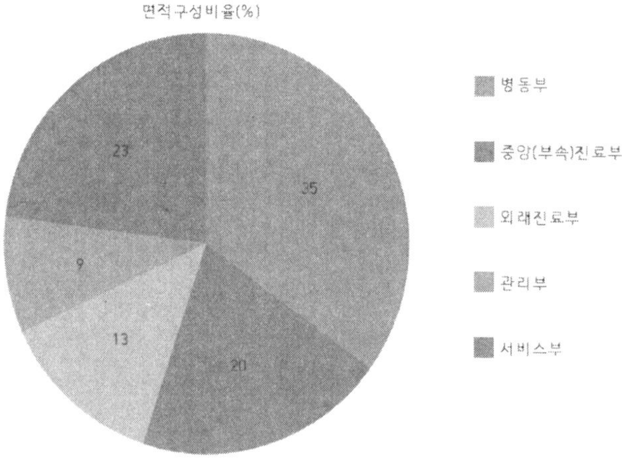

그림 11.1. 병원의 면적 구성 비율(%)

(3) 동선계획

-병동부, 외래진료부, 중앙진료부, 공급부, 관리부 등의 동선이 서로 교차되지 않도록 계획한다.

-외래 출입구와 병동부 출입구, 구급차 및 사체 출입구, 기타 출입구로 구분하여 동선을 분리한다.

-구급차 및 사체 출입구는 사람들의 눈에 잘 띄지 않는 곳으로 동선을 격리시켜 배치한다.

-환자의 동선은 이동하기 쉬운 저층에서 이루어지도록 한다.

-환자와 물건의 동선은 교차되지 않도록 한다.

(4) 공간별 계획

1) 외래진료부

-환자의 이용이 편리하도록 지상층이나 저층부에 배치한다.

-이용의 편의 증진을 위해 부속 진료시설을 인접배치한다.

-임상검사, X선 촬영, 투시, 소수술, 주사 등은 각과 공동으로 사용하기에 편리한 곳에 배치한다.

-중앙주사실, 약국, 접수 및 수납 공간 등은 정면 출입구 근처에 배치한다.

-내과계통은 진료에 시간을 요하므로 작은 진료실을 다수 설치하고 외과계통은 1실에서 여러 환자를 볼 수 있도록 커다란 실로 계획한다.

-확장이나 용도변경에 대응할 수 있도록 융통성있는 평면계획으로 공간을 구성한다.

2) 중앙 진료부

-중앙 진료부는 약국, 주사실, 수술실, 중앙 소독 재료부, X선부, 분만부, 검사부, 구급부로 구성한다.

-중앙 진료부는 외래진료부와 병동부의 중간 위치에 배치한다.

-수술실, 물리치료실, 분만실 등은 통과교통이 이루어지지 않도록 한다.

-병원 전체 면적 중 중앙 진료부가 차지하는 면적 비율은 15~20%이다.

3) 병동부

-병실, 진료실, 간호원 대기실, 면회실 등으로 구성된다.

-병동부는 병원 전체면적의 약 30~40%를 차지한다.

-중복도인 경우 1.8m이상, 편복도인 경우 1.2m이상으로 계획하며 병동부의 면적구성비는 다음과 같다.

4) 통로

-복도는 들것 및 휠체어 2대가 서로 교체하여 지나갈 수 있도록 충분한 폭을 확보해야 한다.

-천장높이는 2.8m이상, 경사로는 1/20 기울기 이하로 한다.

-엘리베이터는 들것이 들어갈 수 있어야 하며 2.1×2.5m 이상의 크기로 계획한다.

그림 11.2. 병원의 평면 사례

11.4. 세부계획

(1) 외래 진료부

1) 진료방식의 분류

① **오픈 시스템(Open system)**

- 종합병원 근처에 있는 일반 개업의사가 종합병원에 등록되어있어서 종합병원내의 큰 시설을 이용할 수 있고 자신의 환자를 종합병원 진찰실에서 예약된 장소와 시간에 진료하고 입원시킬 수 있는 제도로 미국에서 주로 채택하는 방식이다.

- 외래진료부는 소규모로 진찰실은 특별한 시설을 요하는 안과, 이비인후과, 치과 외에는 거의 없다.

② **클로즈드 시스템(Closed system)**

- 많은 부서들이 필요하고 환자가 매일 병원에 출입하는 형식으로 한국에서 주로 채택하는 방식이다.

- 1일 환자 수는 보통 병상수의 2~3배로 예상하며 외래진료실은 1실당 1일 최대 30~35인정도 진료하는 것으로 본다.

2) 외래진료부 진료실 수의 산출

-외래진료부의 진료실 수는 다음의 기준으로 산출한다.

① **각 과별 1일 평균 외래환자수**

② **1일 평균 외래진료부의 개설시간**

③ **각과별 환자 1인당 평균 진찰시간**

④ **각과별 소요진찰실의 개수**

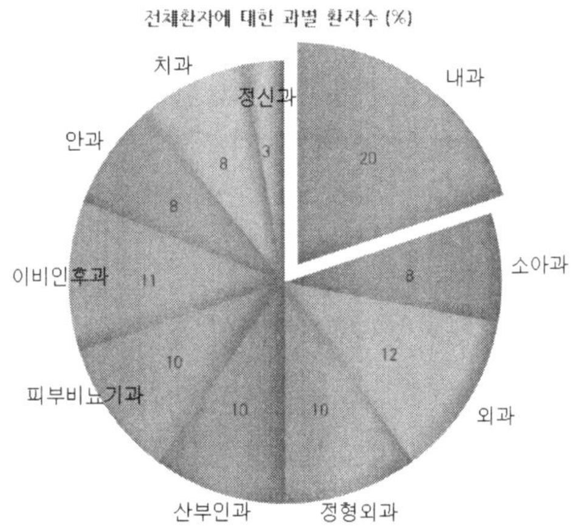

그림 11.3. 전체 환자에 대한 과별 환자수의 비율

(2) 중앙 진료부

1) 수술부

① **수술실**

-타부분의 통과교통이 없는 건물의 익단부로 격리된 곳, 중앙소독공급부와 수직 또는 수평적으로 근접된 곳, 병동 및 응급부에서 환자 수송이 용이한 곳에 배치시킨다.

-규모는 100개 병상낭 대해 2개의 수술실(일반수술실, 대수술실)로 하고 50병상 증가시 1실씩 추가로 설치한다.

-실온은 26.6℃, 습도는 55%이상으로 유지시키며 공조 설비시 공기는 재순환시키지 않고 개별식 제어하도록 한다.

-벽 재료는 녹색계 타일로 적색 식별이 용이하게 한다.

-모든 전기기구는 스파크 방지장치가 장착된 것을 사용하고 바닥 재료는 불투성 타일을 사용한다.

-수술실 크기는 대수술실은 6m×6m, 소수술실은 4.5m×4.5m로 한다.

-출입구는 쌍여닫이로 1.5m 전후의 폭으로 하고 손잡이는 팔꿈치 조작식 또는 자동문으로 한다.

-천장높이는 3.5m 정도로 한다.

-안과수술실은 암막장치가 필요하다.

-직사광선이 실내에 침투되지 않도록 하고 일정한 밝기를 가진 무영등(소요조도: 2,000lux)을 설치한다.

-수술부 내에는 회복실을 설치한다.

② **중앙 소독 재료부**

-각종 기구 포장, 비품, 의료재료 등을 저장해두었다가 필요할 경우에 수술실에 공급하는 장소로 수술실 부근에 둔다.

③ **세척실**

-수술 전후에 수술기구 등을 세척하는 공간이다.

④ **세수실**

-수술 전 손을 닦는 곳으로 여러 개의 세면기를 설치하되 멸균 처리된 물을 사용해야하며 팔꿈치 등으로 조작될 수 있도록 한다.

⑤ **기기실**

-수술기구의 보관실이며 의사별로 기기장을 설치하는 것이 좋다.

⑥ **검사실**

-현미경 등으로 조직 검사를 하는 장소로서 수술실에 근접시킨다.

⑦ **마취실**

-에테르, 마취가스등의 보관장소이며 환기가 잘 되도록하고 폭발 위험성이 없는 방폭스위치를 사용해야 한다.

⑧ **방광경실**

-이동식 X선장치를 올려놓을 수 있는 방광경 책상과 싱크대 등을 필요로 하며 암막장치를 하고 암실과 화장실을 인접시킨다.

⑨ **골절실**

-접골작업을 하는 실로 X선 필름 판독장치, 암막장치, 깁스용 작업 설비 등이 필요하다.

⑩ **의사 및 간호사 갱의실**

-개별적인 화장실과 샤워실이 필요하다.

⑪ **회복실**

-수술 후 환자의 회복상태를 관찰하는 실로 산소호흡설비 및 간호사 대기 장소가 필요하다.

2) 분만 및 신생아부

① **분만실**

-위에서 설명한 수술실에 준하여 계획한다.

② **진통실**

-개별 화장실을 설치하고 방음처리를 한다.

③ **신생아실**

-정상아, 조산아, 용의아(정상아에게 병을 옮길 여지가 있는 아기)의 공간을 별도로 구분한다.

-정상아의 경우에 간호단위를 약 8개 병상으로 한다.

-신생아는 면역성이 없어서 쉽게 감염되므로 방문객의 직접적인 접근을 금하고 복도 등에서 유리창으로 볼 수 있게 한다.

④ **기타실**

-간호사 대기 및 작업을 위한 전실을 마련한다.

-신생아 중환아실(Neonatal Intensive Care Unit : NICU)을 분만부내에 신생아실을 포함시켜 구성하기도 한다.

-산모(조기진통, 임신중독증 등)를 관찰하는 병실을 분리 설치하는 것이 좋다.

-기타의 공간은 중앙진료부의 수술실에 준하여 계획한다.

표 11.3 분만부의 실 구성

<table>
<tr><th colspan="3">분만부의 실</th><th>병상수</th></tr>
<tr><td rowspan="4">통합형1
(L+D+R+P)</td><td rowspan="3">통합형2
(L+D+R)</td><td>진통실(Labor room)</td><td>3~7개</td></tr>
<tr><td>분만실(Delivery room)</td><td>1~3개</td></tr>
<tr><td>회복실(Recover room)</td><td>2~8개</td></tr>
<tr><td colspan="2">산후조리실(Postpatum)</td><td></td></tr>
<tr><td colspan="3">신생아실(조유실포함)</td><td></td></tr>
</table>

3) 검사부

① **방사선검사부**

-각 병동과 외래진료부에 가깝게 배치한다.

② **임상병리검사부**

-검사 실시구역, 준비구역, 결과처리구역, 행정업무구역으로 구분한다.

-검사 실시구역은 외부인의 출입이 제한된다.

-검체검수, 응급검사, 혈액은행 및 헌혈실만 외부출입이 허용된다.

-외래 채혈실에는 채뇨실을 함께 설치한다.

-미생물검사실은 세균 오염 방지를 해야 하고 면역 검사실은 무균적 조작이 가능하도록 한다.

-핵의학검사실은 동위원소 사용에 따른 차폐, 오염방지 및 폐기문제를 고려해야 한다.

-폐수, 폐기물 처리시설 설치하고 정전을 대비한 백업시스템과 안정된 전원공급이 요구된다.

-시약검체 보존을 위해 냉장 및 냉동창고가 필요하다

-환기시설, 방진(防塵)시설, 샤워시설이 필요하다.

③ **해부병리검사부**

-외과병리검사실에서는 인체조직 검사를 통해 질병유무를 판단한다.

-세포병리검사실에서는 표본이나 체액세포를 현미경으로 판독한다.

-동결절편검사실에서는 수술중 채취된 세포의 병리학적 진단을 담당한다.

-시체실과 해부실은 인접시켜 설치힌다.

-시체실과 해부실은 바닥은 청소성이 좋은 타일로 하고 배수가 잘되도록 한다.

-폐수, 폐기물 처리시설을 고려한다.

-해부실은 스테인리스 스틸제 해부대, 들것, 이동 관찰대를 설치하기에 충분한 넓이를 가져야 한다.

-시체실은 시체보관용 스테인리스 스틸제 냉장고를 설치한다.

-기타 샤워실, 화장실, 시체운반 엘리베이터를 갖춘다.

④ **심장기능검사부**

-혈관조형검사실은 방사선 특수처리실과 동일하며 암실을 두어 필름을 현상하도록 한다

-필름과 파일수납을 위한 공간 및 사무공간이 필요하고 필름 판독실을 두는 것이 좋다

-환자 대기공간은 보통 검사실에서 떨어진 격리된 장소에 배치한다

-소아혈관투영을 할 경우 별도의 실로 만들어야 한다.

⑤ **기타**

-기관지경실, 뇌파검사실, 생화학검사실, 혈액검사실, 미생물검사실, 혈청면역검사실, 요화학검사실. 응급검사실, 혈액은행, 핵의학검사실, 세척, 소독, 준비실 등이 있다.

4) 구급부

-병원 후면의 1층에 배치하여 구급차의 출입이 용이하도록 한다.

-출입구는 주출입구와 앰뷸런스 출입구로 분리 한다.

-소수술실로서 필요한 설비를 설치한다.

-산소설비 등을 갖춘 구급실, 수술회복실에 준하는 관찰실, 수술준비작업설비, 소독설비 등을 갖춘 유틸리티 실, 욕실, 사무실 및 대기실, 화장실, 침대차보관소 등을 구비한다.

5) 물리치료부

-외래환자가 많으므로 외래 이용이 편리한 위치에 배치한다.

-수치료법실(水治療法室), 전기치료법실, 기계요법실, 작업요법실 등으로 구성된다.

6) 의료사업부

-의료 관련 상담 등을 하는 곳으로 외래의 일부에 두는 것이 좋다.

7) 방사선부

① 진단방사선부

-조영 촬영실은 수술부와 동일하게 독립된 공조설비를 둔다.

-촬영실은 기계 높이를 고려하여 천장고를 3m 이상 확보한다.

② 치료방사선부

-사용의료기기의 하중을 구조 계획시 반영한다.

-차폐방호에 주의하고 단파일수록 투과력이 강하므로 고에너지방사선 치료실에는 벽, 바닥 및 천장슬래브를 1~2m 정도로 두껍게 한다.

③ 핵의학부

-진단방사선부와 인접시켜 배치시키거나, 그렇지 못할 경우 필름 자료 등을 원활하게 전달할 수 있는 정보 전달 시스템이 필요하다.

-핵의학부의 소요공간은 다음과 같다.

(3) 병동부

1) 간호단위(nursing unit)

① 간호단위의 분류

-특별간호단위: 전염병, 결핵, 정신병 등

-남녀의 구분

-성인과 어린이의 구분

-내과, 외과, 소아과, 산부인과 등의 구분

-공동병실과 고급병실의 구분

-PPC(Progressive patient care)의 간호단위는 증세에 따라 단계적으로 구분하는 간호단위로 중증환자를 위한 집중간호단위(I.C.U.: Intensive care unit), 호전된 환자를 일반병실로 옮기기 전의 중간과정인 중간간호단위(Intermediate care unit), 일반 환자를 위한 자가간호단위(Self care unit), 장기 치료를 요하는 환자를 위한 장기간호단위(Long-term care unit)로 구분된다.

② 간호단위의 구성

-1개 간호단위에 8~10명의 간호원이 투입된다.

-1개 간호단위가 관리하는 병상수는 30~40개(25개가 이상적) 이하로 한다.

-중환자의 간호단위가 간호하는 병상수는 12~15개로 한다.

-간호사의 보행거리는 24m이내로 한다.

-간호단위마다 간호사 대기실, 간호사 작업실, 처치실, 배선실, 화장실, 들것 보관소, 방문객 대기실, 린넨실, 오물처리실 등을 설치한다.

③ **간호사 대기실(nurse station)**

-간호단위 또는 층별이나 동별로 설치한다.

-계단이나 엘리베이터 등에 인접시킨다.

-외부인의 출입감시가 용이하도록 하고 병실군의 중앙에 배치한다.

-부속시설로 간호사 호출벨, 인터폰, 전화, 카운터, 서랍, 약품장, 소독설비, 시계 등이 있다.

2) 병실

① **크기**

-1인용 실: 6.3㎡이상

-2인용 실: 8.6㎡이상

-소아병실: 성인 병실의 2/3 이상

② **주요 계획 지침**

-천장은 환자의 시선이 늘 닿는 곳으로 조도가 높고 반사율이 큰 마감 재료는 피한다.

-출입문은 폭 1.1m 이상의 외여닫이문으로 안여닫이로 하고 문턱을 두지 않는다.

-창면적은 바닥면적의 1/3~1/4정도로 하고 창대 높이는 90cm이하로 한다.

-환자 머리 후면에 개별 조명시설을 한다.

-간호원 호출벨 및 인터폰을 환자의 손이 닿은 위치에 설치한다.

-병상 배치에는 모듈적용이 필요하다.

-병실은 보통 1인실, 2인실, 4인실, 6인실로 구성한다.

3) 기타실

① **일광욕실**

-병동 단위에 배치하고 자외선 통과 유리창을 설치한다.

② **오물 처리실**

-환자의 대소변을 처리하고 변기구를 소독하는 실이다.

-1.5m×2m정도의 크기로 설치한다.

③ **화장실, 세면실, 욕실**

-1개 간호단위마다 2개 내외로 설치한다.

-환자의 안전을 위해 손잡이 파이프를 설치한다.

④ **린넨실**

-환자에게 공급되는 침구, 잠옷 등의 수납공간을 설치한다.

⑤ **처치실**

-싱크대, 작업대 등을 설치한다.

⑥ **진료실**

-의사 및 인턴의 숙직 및 업무가 가능한 공간으로 계획한다.

⑦ **방문객 대기실**

-간호사 대기실 부근에 설치하고 환자 방문객이 많을 때 대기하는 공간이다.

⑧ **들것 보관소**

-들것의 반출입이 용이하도록 한다.

⑨ **수간호사실**

-의무용 가구, 인터폰, 시계 등을 설치한다.

⑩ **회의실**

-의사, 간호사, 직원들의 교육 및 회의를 위해 2~3개 간호단위 마다 하나씩 설치한다.

(4) 특수 병동

1) 정신병원

-일반적으로 입원기간이 길지만 종합병원의 정신과인 경우는 주로 발병 초기 환자를 대상으로 치료를 하고 있어 입원기간이 비교적 짧다.

-통원치료환자가 많지 않으므로 외래진료부는 크게 중요하지 않다.

-검사부는 어느 정도는 필요하지만 X선부나 수술부의 이용 빈도는 극히 낮다.

-입원실(병동)은 병원 연면적의 60% 이상 차지하며 지면과의 연결을 중시하고 화재시 피난을 고려한다.

-거주성을 중시하여 침실 외에 거실, 식당, 오락실 등을 설치한다.

-간호사대기실에서 입원실 복도를 감시할 수 있게 하며 유리는 강화유리를 사용한다.

-자물쇠는 외부에서 채울 수 있도록 하며 병실문은 안여닫이로 하며 실내를 감시할 수 있는 구멍을 설치하고 화장실내 기구 등은 튼튼하고 돌출물이 없게 하고 환자가 자해하지 못하도록 위험물이 없어야 한다.

2) 결핵병동

-원칙적으로 종합병원에 포함시키지 않으며 포함될 경우에는 20병상 이하로 하여 독립시킨다.

-병실은 남향으로 충분한 채광과 환기가 가능하도록 하고 채광이 잘 되는 위치에 일광욕실을 설치한다.

-유틸리티 룸은 청결한 실과 불결한 실로 구분하여 불결한 쪽에 소각로, 싱크, 세면기 등을 설치한다.

-검사실 및 처치실을 설치하여 환자가 검사, 치료 등을 위해 타 병동에 갈 기회를 적게 한다.

-급식설비는 식사운반차를 이용하며 병실에 식사 공급 후 식기를 회수하기 전에 식사 운반차가 주(主) 주방에 돌아올 수 있도록 한다.

3) 소아병동

-15세 미만의 소아의 질병을 다루고 진료내용은 전신에 걸쳐 행해진다.

-비교적 많은 인력을 필요로 하고 간호단위도 30병상 전후가 바람직하며 0세의 환자들이 가장 많다.

-아이들이 혼자 있지 않도록 2인 이상의 병실로 하며 부모 간병인지 간호원 간호인지를 정해놓고 크기를 결정한다.

-아이들은 전염병이 잠복한 것으로 간주하여 투명비닐, 유리 등 안전 스크린 장치로 격리된 상태로 바라볼 수 있게 한다.

-어린이 유희실은 일광욕실과 겸하여 병동 단부에 설치한다.

4) 전염병동

-종합병원에는 보통 포함하지 않고 격리된 별동으로 하고 간호사 대기소 근처에 유틸리티실을 설치하여 소독 설비를 충분히 갖춘다.

-방문객은 내부출입을 금하고 병실 외부에서 유리를 통해 볼 수 있게 한다.

(5) 관리 및 서비스부

1) 관리부

① 운영관계 공간

-관리: 원장실, 사무장실, 응접실, 간호사무실

-사무: 의사사무실, 일반사무실, 서류창고, 인쇄실, 갱의실 등

-정보: 병력실, 도서실, 전산실, 회의실, 강당

-의국: 의사실, 연수의실, 담화실

-경비: 수위실, 방재센터

-청소: 청소원 갱의실, 휴게실, 청소기자재실

② **후생관계 공간**

-식사: 직원식당, 외래자식당, 카페

-구매: 매점, 자판기코너, 자동현금출납기

-육아: 보육실, 보모실 등

2) 서비스부

① **급식부**

-취사를 위한 레인지, 냉장고, 싱크대 등을 설치한다.

-환자에게 식사를 공급하는 방식은 다음 표와 같다.

표 11.4. 배선 방식

중앙배선방식	병동배선방식
■ 개인의 식사를 주(主) 주방에서 준비하는 방식이다. ■ 배선 및 소독관리가 용이하다. ■ 배선에 병동의 간호원을 투입할 필요가 없다. ■ 병동에 배선실, 소독실을 둘 필요 없다. ■ 음식이 식기 쉽다 ■ 큰 병원에서는 배선시간이 길어진다 ■ 완전한 소독을 위해 식기가 환자수의 2배로 필요하다. ■ 식기의 파손율이 높다.	■ 전기보온장치가 설치된 식사운반차를 통해 배선하는 방식이다. ■ 음식이 따뜻하게 보온된다. ■ 배선에 간호원이 투입된다. ■ 결핵 및 전염병의 간호단위에 적합하다. ■ 식기 파손율이 낮고 예비식기수도 적게 든다. ■ 소독관리가 불확실하다. ■ 병동마다 배선 소독설비가 필요하다 ■ 각 환자별로 특별식은 별도로 중앙에서 가져와야 한다.

-병동의 아래에 위치시키는 것은 냄새로 인한 문제가 많이 발생해서 최상층이 양호하며 엘리베이터에서 가까운 곳이 좋다.

② **세탁부**

-분류-세탁-탈수-건조-손질, 보수-정리, 보관-지급의 순서대로 공간을 배열하는 것이 중요하다.

-고온, 다습, 진동, 소음, 먼지 등에 대한 대책이 필요하다.

OX 퀴즈

1. 병원의 외래진료부는 매일 외부에서 방문하는 출입환자를 취급하는 기능을 갖는다. ☐

2. 일반적으로 병원의 시설규모는 입원환자의 병상수에 의해 결정된다. ☐

3. 분관식(pavilion type)은 대형 병원에 주로 채택되는 배치 형식으로 집중식에 비해 도심에 병원을 계획할 경우에 유리하다. ☐

4. 병원의 집중식(block type) 배치는 재난시 환자의 피난에 불리하다. ☐

5. 중앙진료부는 외래부와 병동부의 중간에 위치하는 편이 좋다. ☐

6. 1개 병상에 대한 병원의 소요 연면적 기준은 43~66㎡이다. ☐

7. 1개 병상에 대한 병실면적 기준은 20~27㎡이다. ☐

8. 1개 간호단위가 관리하는 병상수는 25개가 이상적이고 통상 30~40개 이하로 한다. ☐

10. 1개 간호단위에서 이루어지는 간호사의 보행거리는 24m 이내가 되도록 한다. ☐

11. 보통 종합병원에서 병동부가 차지하는 공간 점유율은 20%가 적합하다. ☐

12. 간호사 대기실은 외부인 출입이 잦은 계단이나 엘리베이터 등에서 고립시킨다. ☐

13. 병원의 집중식 배치는 대지의 공간이용 효율이 낮다. ☐

14. 외래진료부는 환자의 이용이 편리하도록 지상층이나 저층부에 배치한다. ☐

15. 병실의 창대 높이는 120cm 이하로 한다. ☐

16. 병원 전체 면적 중 중앙 진료부가 차지하는 면적 비율은 15~20%이다. □

17. 집중식 병원 구축에서 부속진료부와 외래부는 주로 건물의 저층부에 구성된다. □

18. 병원의 분관식 배치는 채광 및 통풍 조건이 양호하다. □

19. 병원의 복도는 들것 및 휠체어 2대가 서로 교체하여 지나갈 수 있도록 충분한 폭을 확보해야 하고 경사로는 1/20 기울기 이하로 한다. □

20. 클로즈드 시스템(Closed system)의 진료방식은 대규모의 진료과들이 요구되고 환자가 매일 출입하는 형식으로 한국에서 주로 채택하는 방식이다. □

21. 오픈 시스템(Open system)은 종합병원 근처에 있는 일반 개업의사가 종합병원에 등록되어 있어서 종합병원내의 시설을 이용할 수 있고 자신의 환자를 종합병원 진찰실에서 예약된 장소와 시간에 진료하고 입원시킬 수 있는 진료 방식이다. □

22. 수술실은 타부분의 통과교통이 집중된 곳에 배치시킨다. □

23. 수술실은 100개 병상당 대해 2개의 수술실로 하고 50병상 증가시 1실씩 추가로 설치한다. □

24. 수술실의 모든 전기기구는 스파크 방지장치가 장착된 것을 사용한다. □

25. 수술실에 공기조화설비를 설치하는 경우에 공기의 재순환이 이루어지도록 한다. □

26. 수술부는 관리부에 속하는 핵심기능이다. □

27. 2인용 병실의 크기는 6.3㎡이상으로 한다. □

28. 결핵병동은 원칙적으로 종합병원에 포함시키지 않는다. □

29. 소아병실의 크기는 성인 병실의 2/3이상으로 한다. □

30. 병원의 배선방식 중 중앙배선방식은 배선시간은 길어지지만 배선에 간호원이 투입될 필요가 없고 병동 마다 배선 및 소독실을 둘 필요가 없는 방식이다. □

12 공연장

12.1. 기본 사항

정의, 기능, 종류

12.2. 대지 계획

대지 조건

대지의 단위면적당 수용인원수

12.3. 평면 계획

무대형식에 따른 평면 유형

음향 특성을 고려한 평면

12.4. 단면 계획

단면 유형

시선을 고려한 단면

12.5. 세부 계획

무대

무대 보조 공간 및 기구

후무대 공간

객석

기타 공간

음향 계획

조명 계획

공기조화 설비

12.1. 기본 사항

(1) 정의

-공연장은 무대에서 연극, 영화, 콘서트 등의 각종 문화 이벤트가 일어나고 객석에서 관객들이 이를 감상할 수 있는 공간으로서 고도의 연출 기법과 함께 각종 무대장치, 영상 및 음향시설 계획이 요구되는 건축물이다.

(2) 기능

-공연장은 문화행위의 장소로 공동체의식 형성을 돕고 삶의 질을 향상시키는 사회적 역할을 하기 때문에 도시의 역사적 사실이나 이미지가 남아있는 장소는 공연장의 좋은 조건이 된다.

-공연장은 관객들이 감상할 수 있도록 하는 기능과 무대에서 표현을 하기 위한 기능을 포함하고 있다.

-공연장은 감상공간을 제공하고 공연내용을 사실적 또는 추상적으로 표현하는 시청각적 요소를 충족시켜야 한다.

(3) 종류

-공연장의 종류는 공연 내용에 따라 다음 표와 같이 분류된다.

표 12.1. 공연장의 종류

유형	공연내용	계획 요건
연극공연장	문학성, 언어, 몸짓을 주로 하는 대사극 등의 순수연극 공연	공연자와 관객의 친근감과 교감이 요구됨.
오페라, 발레공연장	음악과 무용을 주로 한 공연	오케스트라 피트(pit) 설치, 무대 기구, 조명 및 음향설비 등이 요구됨.
콘서트홀	연주자 편성이 다양하고 시각적 요소가 중요한 공연	적정한 잔향시간, 균질한 확성음, 반사음 등을 고려함.
영화관	스크린상의 영상 및 스피커 음향에 의한 공연	영사설비, 전기음향설비, 스크린에 대한 가시선 확보가 요구됨.
서커스공연장	광대, 사람과 동물들이 벌이는 지상 및 공중곡예 등의 공연	주변이 객석으로 둘러싸인 원형의 평면이 기본임.
인형공연장	손인형, 조종인형, 그림자인형, 꼭두각시 인형 등을 통한 공연	인형의 연기가 보이는 곳과 인형 조작을 위해 가려진 곳을 구분하여 계획함.
야외공연장	공연내용은 제한이 없으며 야외의 분위기에 맞는 공연	규모가 크고 시각적 허용범위는 넓지만 영상과 음향의 전달 효과가 낮아질 수 있으므로 이에 대한 설비적 고려가 요구됨.

12.2. 대지 계획

(1) 대지 조건

-공연장의 대지로 적절한 위치는 도심지, 번화가, 터미널, 상가 등 대중교통 및 도로조건이 편리한 곳, 그리고 밤 늦은 시간에도 대중교통 수단이 있는 곳이 좋다.

-여유로운 주차공간과 문화시설이 밀집된 장소가 좋으며 재해에 대한 안전성이 요구된다.

-단시간에 발생하는 대규모의 교통량을 처리할 수 있도록 공연장 전면에 공지를 여유롭게 확보해야 한다.

-공연장 부지는 되도록 넓은 폭의 도로에 많이 접해야한다.

-2변 이상이 넓은 폭의 도로와 접하는 대지가 공연장 부지로 적합하다.

(2) 대지의 단위면적당 수용인원수

-대지의 단위면적당 수용인원수는 공연장일 경우 0.2~0.9명/㎡, 영화관일 경우 0.9~ 1.3명/㎡으로서 이를 토대로 수용 인원에 부합되는 규모의 공연장 건축에 필요한 대지 규모를 산정한다.

-$\frac{객석정원 A}{건축면적 B}$ 의 값이 큰 큰 공연장일수록 객석 1석당 건축비($\frac{건축총액}{객석정원}$)가 낮아진다.

12.3. 평면계획

(1) 무대형식에 따른 평면 유형

① 프로시니엄(proscenium, picture frame stage)형

-일반적인 극장의 형식으로 무대와 객석이 명확하게 구분된다.

-다양한 배경과 장면의 연출이 가능하다.

-음향과 조명효과가 양호하다.

-공연자는 한 방향으로만 관객을 대하게 된다.

-무대 가까이로 많은 관객을 수용하는 것이 어렵다.

-전체적으로 통일된 효과를 연출할 수 있다.

-콘서트, 연극, 강연, 독주, 연극에 적합하다.

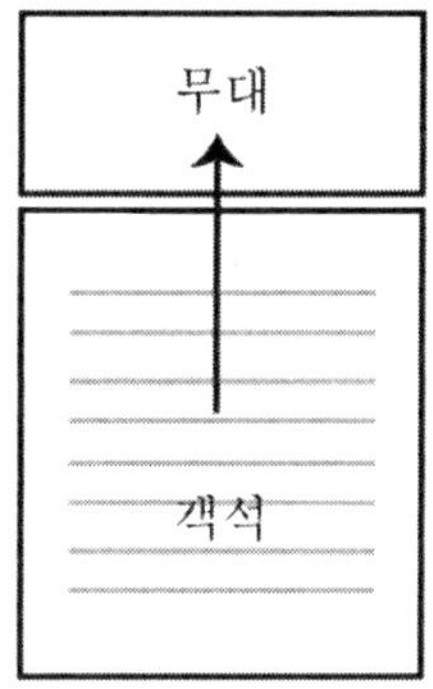

그림 12.1. 프로시니엄형

② **오픈스테이지(open stage)형**

-연기자와 관객과의 거리가 짧아지므로 친밀감이 높아진다.

-무대 장치 및 배경 설치가 어렵다.

-관객과 연기자와의 대면 방향이 다양해서 통일된 효과를 연출하기 어렵다.

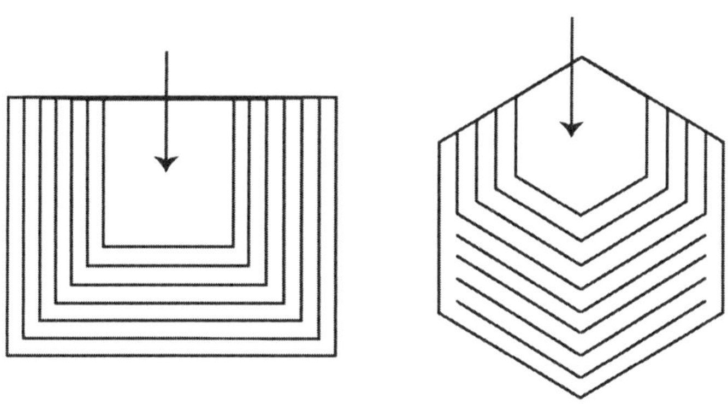

그림 12.2. 오픈스테이지형

③ **애리나(arena)형**

-일반적인 특징은 오픈스테이지형과 동일하다.

-관객이 무대를 360° 둘러싼 유형으로 가장 많은 관객을 수용할 수 있다.

-가장 가까운 거리에서 관람이 이루어질 수 있다.

-무대 위의 장치 및 소품 등은 낮게 설치된다.

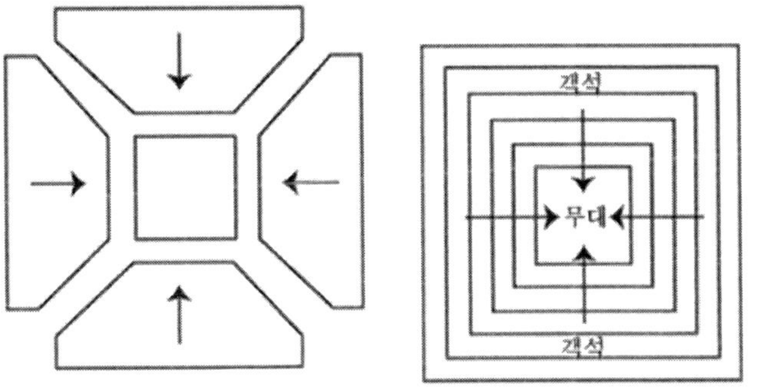

그림 12.3. 애리나형

④ **가변형(Adaptable stage)**

-필요에 따라 무대와 객석의 공간을 변경할 수 있는 유형이다.

-최소한의 설치비용으로 최대한의 표현이 가능한 유형이다.

-다양한 공연 내용 및 연출 방법에 따라 최적의 공간을 구성할 수 있다.

(2) 음향 특성을 고려한 평면

-객석이 평면형이 타원형일 경우에 대체로 오목한 면에서 반사된 음이 한 곳으로 집중되거나 잔향(echo) 현상을 일으킬 수 있으므로 벽면을 볼록하게 돌출시켜 음의 확산작용이 일어나도록 계획한다.

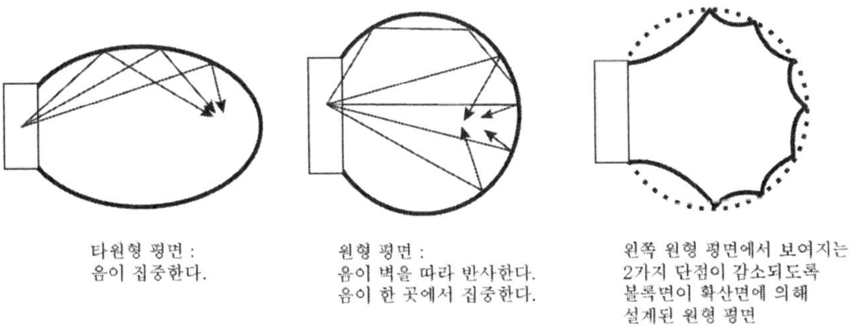

그림 12.4. 평면형과 음향현상

-객석의 뒤쪽으로 갈수록 점차 넓어지는 부채꼴형이 양호한 음환경을 만들어내는 평면형이다.

12.4. 단면 계획

(1) 단면 유형

1) 단층형 (Flat type)

-주로 소규모 공연장이나 음향효과를 중시하는 경우에 많이 채택되는 형식이다.

2) 발코니형 (Balcony type, 복층형)

-대규모 공연장에 적합한 형식으로 가능한 한 객석을 무대 가까이 배치할 경우와 영리상 많은 수용인원을 확보할 필요가 있는 경우에 채택되는 형식이다.

(2) 시선을 고려한 단면

1) 시선 계획

-무대 공연이 이루어질 경우에는 발코니 객석의 최후열에서 가장 이상적으로 무대바닥을 볼 수 있는 각도는 약 25° 이다.

-이 때, 각도가 25° 를 넘으면 무대를 위에서 내려다보게 되어 공연자나 사물의 크기나 높이를 정확히 알 수 없다.

-영화 상영이 이루어질 경우에는 스크린 중심에서 최전열 좌석에 앉아있는 관객의 시선에 대한 각도는 30° 이하, 최후열 좌석에 앉아있는 관객의 시선은 15° 이하로 계획하는 것이 좋다.

-발코니 최후열 객석의 시선이 스크린을 중심을 내려다보는 각도도 15° 이하로 계획하는 것이 바람직하다.

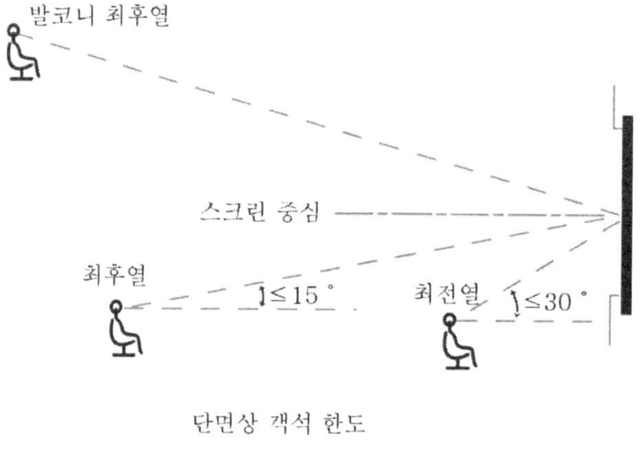

그림 12.5. 단면상 스크린과 관객의 시선의 각도범위

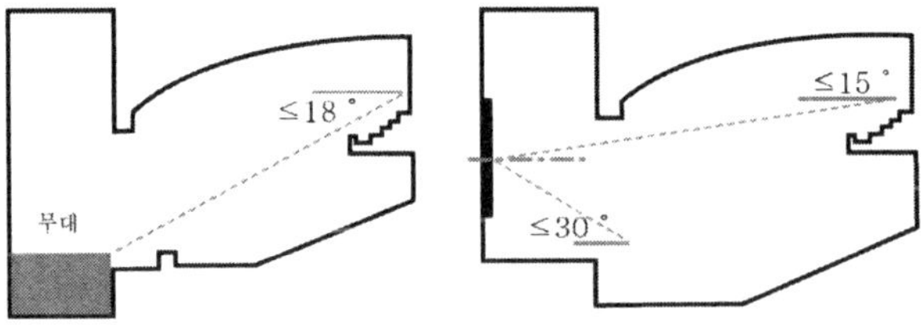

그림 12.6. 무대와 스크린의 가시선을 고려한 각도

2) 객석 바닥의 경사

-모든 객석 관객은 앞 관객의 머리나 어깨너머로 무대가 보여야 하므로 일정한 바닥의 경사(구배)와 발코니 객석에서의 시선이 확보되어야 한다.

-바닥 경사의 기준은 무대전면부터 객석 끝까지의 길이의 1/3을 수평으로 하고 그 뒷부분 2/3에 해당하는 부분의 바닥의 구배를 1/12 정도로 경사지게 한다.

-의자에 앉은 관객의 눈 높이는 바닥에서부터 1.1m로 가정하고 정수리까지의 높이는 1.2m로 가정한다.

-급경사는 위험하므로 객석의 단 폭은 800mm이상, 단 높이는 500mm 이하로 계획하는 것이 좋다.

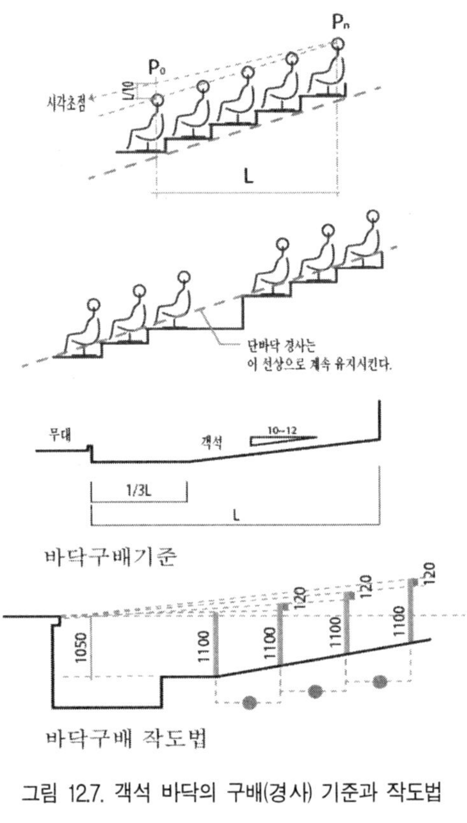

그림 12.7. 객석 바닥의 구배(경사) 기준과 작도법

3) 발코니의 단면

-2층 이상의 발코니 층을 두는 경우에 발코니 앞쪽 선단이 1층 최후열의 시선을 가리지 않도록 시선의 확보가 중요하다.

-공연장의 발코니는 1층 최후열에 선 사람의 눈과 프로시니엄 아치(Proscenium Arch)의 상단을 연결하는 가시선 이상의 위치에 설치한다.

-객석 최후 열에 위치한 관객의 눈 높이는 프로세니움(Proscenium)의 정점보다 아래에 둔다.

4) 바닥의 단면 유형

① **수평식**

-무대전면부터 객석 후면까지 바닥을 편평하게 처리한 형식이다.

② **경사식**

-객석 바닥의 단면을 포물선으로 구성하고 이를 근사적으로 직선으로 연결하여 경사진 바닥으로 만든 형식으로 포물선의 일부는 수평 바닥으로 만들어지기도 한다.

③ **계단식**

-경사식 바닥 형식으로 나타난 바닥면 위에 일련의 계단을 만든 형식이다.

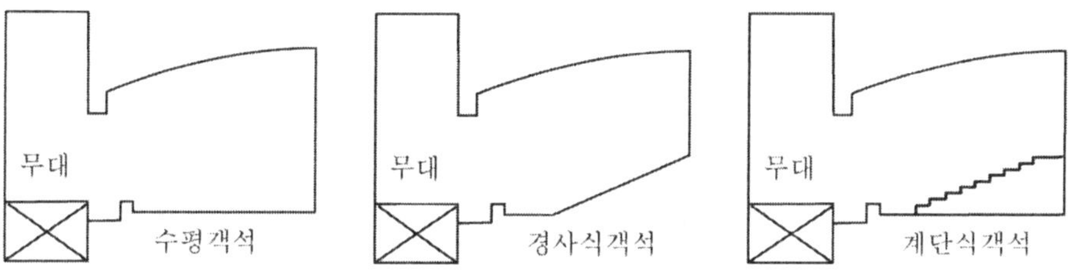

그림 12.8. 바닥의 단면유형

(2) 무대

1) 프로세니움 아치(proscenium arch)

-무대와 객석의 경계를 이루는 격벽의 개구부의 틀로 그림의 액자같이 관객의 시선을 무대로 집중시키는 시각적 효과를 갖는다.

-조명기구나 스크린 등을 설치하는 후면무대를 가리는 역할을 한다.

-프로세니움 아치는 화재가 발생하였을 때 무대와 객석 사이의 격벽이 되므로 벽체는 내화구조로 한다.

-프로세니움 아치의 개구부 형상은 공연장 종류에 따라 다양하지만 일반적으로 가로, 세로의 비율이 황금비례인 직사각형인 사례가 많다.

2) 에이프런 스테이지(apron stage, fore stage, 앞무대)

-커튼라인의 막을 경계로 객석쪽으로 나온 부분의 무대

-오케스트라 피트(Orchestra Pit)이 설치된 공연장에서는 피트(pit) 상부를 무대의 바닥면과 동일한 높이의 마루로 덮어서 에이프런 스테이지로 사용하기도 한다.

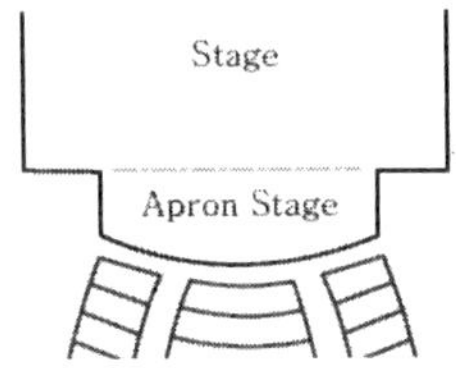

그림 12.9. 에이프런 스테이지

3) 연기 무대(acting stage, main stage, 중앙무대)

-공연자가 주로 공연을 하는 주 무대를 말하며 커튼라인 바로 안쪽의 무대를 의미한다.

-이 공간은 공연을 하거나 무대 배경장치 설치를 위한 충분한 규모가 확보되어야 한다.

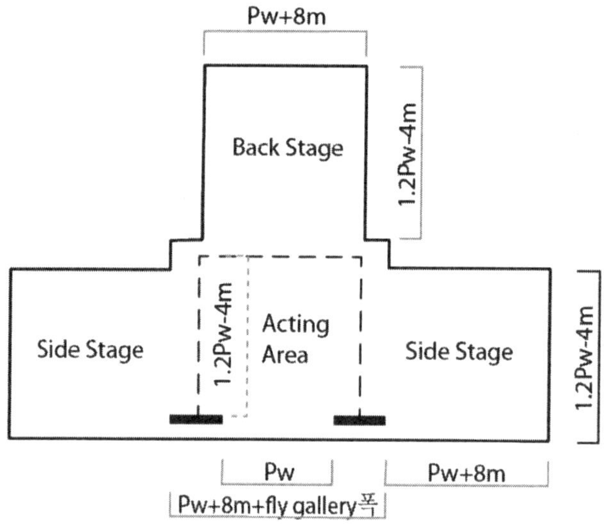

Acting Stage 폭 ≧ Pw+8m+플라이 갤러리 폭
Acting Stage 깊이 ≧ 1.2Pw (이상적으로는 Acting Stage 폭과
Acting Stage 천장높이 ≧ 2.5~3Ph+2m'
Acting Stage 하부공간 ≧ Ph+3m(기계 pit)

Side Stage 폭 ≧ Pw+8m(최저 폭은 0.5Pw 정도)
Side Stage 깊이 ≧ Acting Stage의 길이 -4m
Side Stage 천장높이 ≧ Pw

Back Stage 폭 ≧ Pw+8m
Back Stage 깊이 ≧ Side Stage의 깊이
Back Stage 천장높이 ≧ Ph

그림 12.10. 무대의 구성과 규모

4) 측면무대(side stage)

-연기 무대(acting stage)의 측면에 설치되는 보조 무대이다.

5) 후면무대(back stage)

-조명기구나 사이크로라마(cyclorama)를 설치하기 위해 연기 무대(acting stage)의 후면에 설치되는 보조 무대이다.

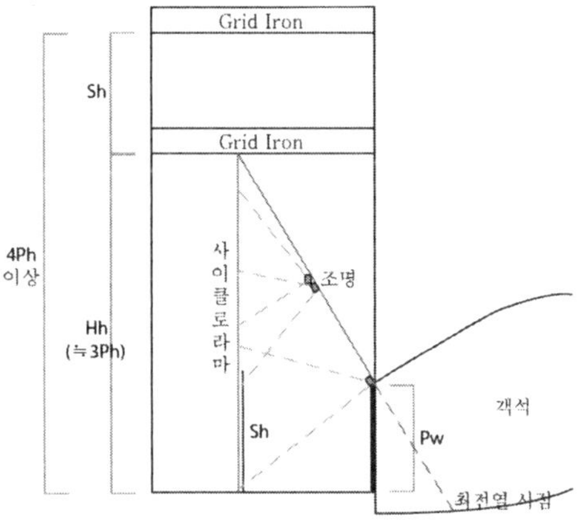

그림 12.11. 무대 단면규모 산출방법

(3) 무대 보조 공간 및 기구

1) 오케스트라 피트(orchestra pit, orchestra box)

-오페라나 뮤지컬의 음악을 연주하는 움푹한 곳으로서 보통 객석의 제일 앞쪽에 배치한다.

-일반적으로 에이프런 무대(apron stage)와 측면 무대(side stage)와 나란히 설치된다.

-피트의 출입은 보편적으로 무대 하부의 계단을 통해 이루어지고 간단한 것은 무대 옆에서 출입하는 경우도 있다.

-피트 바닥은 관객의 가시선을 방해하지 않도록 객석보다 낮게 처리한다.

-지휘자 바닥은 지휘자가 무대동작을 보고 지휘하므로 무대를 볼 수 있는 높이로 계획한다.

2) 프롬프터 박스(prompter box)

- 공연자에게 대사 또는 가사를 일러주거나 등장할 때는 알려주는 보조공간으로 위치는 무대 중앙 앞부분에 객석 측에서는 보이지 않는 곳에 위치하며 1인이 들어갈 수 있는 작은 박스로 구성된다.

3) 플라이 로프트(fly loft)

-무대 상부공간을 의미하며 높이는 프로시니엄(proscenium) 높이의 4배 이상으로 한다.

4) 그리드 아이언(grid iron, 격자 철판)

-무대상부에서 격자형 철판으로 바닥을 이루게 한 것으로 주로 배경이나 조명기구, 음향반사판, 연기자 등을 매달기 위해 무대 천장의 제일 낮은 보 밑으로 1.8m 위치에 설치한다.

5) 플라이 갤러리(fly gallery)

-격자철판으로 올라가는 계단과 연결되게 주위 벽에 6~9m높이, 폭 1.2~2m 정도의 좁은 통로

로서 조명이나 특수 효과를 연출하기 위해 사용된다.

6) 록 레일(rock rail)

-와이어 로프를 한 곳에 모아서 조정하는 장소로서 일반적으로 무대의 좌우에 설치한다.

7) 사이클로라마(cyclorama)

-무대의 가장 안쪽에 설치하여 무대 배경을 연출하기 위한 벽으로 각종 조명 및 영상기기를 통해 특수 효과를 낼 수 있다.

8) 무대 바닥 기구

① **승강무대(lift stage)**

-폭넓은 연출을 위해 무대바닥을 유압식 또는 전동식 기기를 통해 상·하나 수직으로 이동시키는 무대이다.

② **이동무대**

-무대를 수평으로 이동시키는 방법으로 왜건 무대(wagon stage)와 활주 이동 무대(sliding stage)가 있다.

-왜건 무대(wagon stage)는 대규모의 무대장치를 빠르게 전환하는데 가장 적합하다.

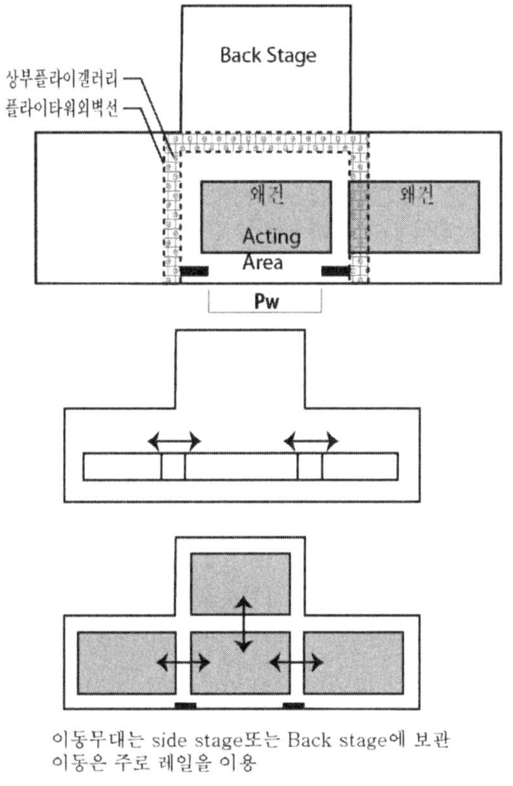

그림 12.12. 이동 무대의 구조

③ **회전무대(revolving stage, turn table)**

-회전 무대의 프로세니움 폭의 0.8~1.2배 정도가 적합하다.

-회전누대는 동시에 3장면의 배경장치가 가능하며 하나의 무대에 여러 턴테이블을 설치하기도 한다.

-회전무대의 중심은 프로세니움의 중심선상에 두며, 앞은 커튼라인데 가까울수록 연출하기가 용이하다.

-무대 구조는 대개 철골조로 하고 대체로 전동식이다.

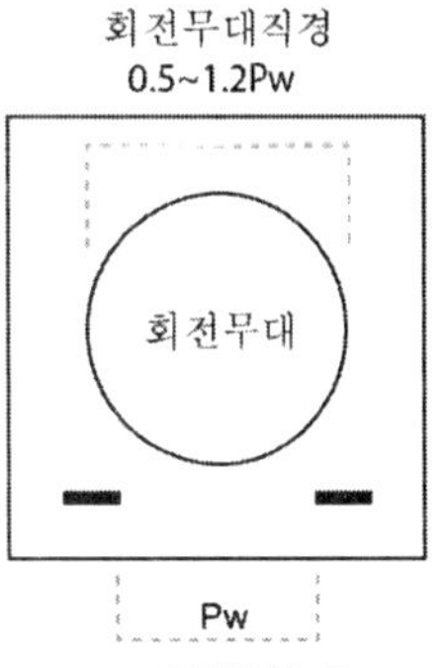

그림 12.13. 회전무대규모

(4) 후무대 공간

1) 공연자 관련 공간

① **의상실(dressing room)**

-공연자가 분장을 하고 의상을 갈아입는 장소로 실의 크기는 보통 1인당 4~5㎡ 정도의 공간이 요구된다.

② **출연자 대기실(green room)**

-분장을 끝낸 공연자가 잠시 동안 대기하는 장소를 말한다.

-무대 가까이 배치하고 크기는 30㎡이상 규모가 적합하다.

-출연자 대기실과 인접하여 무대감독실을 계획하는 것이 좋다.

-무대와 출연자 대기실 사이에 출연 직전의 대기공간인 앤티룸(anti room)을 설치한다.

③ **연주자실**

-오케스트라 연주자들을 위한 대기공간으로 일반적으로 오케스트라 피트와 같은 층에 설치한다.

④ **리허설 룸(rehearsal room)**

-리허설 룸은 대사암기나 공연내용을 실제공연처럼 연습해 보는 장소로서 실제 공연을 행하는 넓이와 같은 면적이 필요하지만 규모에 따라 융통성 있는 공간계획이 요구된다.

-콘서트 홀인 경우에는 악기보관고와 락카룸이 필요하며 휴게시설은 출연자 대기실이나 리허설 룸 근처에 배치하는 것이 좋다.

⑤ **관리사무실**

-관리사무실은 연출가와 무대 매니저를 위한 기획, 공연자 및 직원을 위한 사무, 관객을 위한 서비스 업무 등을 수행하기 위한 공간이다.

2) 도구 및 배경 관련실

① 대도구실

- 대도구실은 공연장의 규모에 따라 자체적으로 무대장치 제작하거나 별도로 주문제작한 도구나 자재를 반입하는 실이다.
- 위치는 무대와 제작실에 인접한 같은 층이거나 근접한 지하층이 좋고 출입구는 가능한 크도록 하고 공연자의 출입구와는 명확한 분리가 요구된다.
- 대도구실에서 각 실로 가는 통로는 가능한 단순하게 처리하고 작업인원 구성은 대공연장이 20~30명, 소공연장이 5~10명 정도로 산정한다.
- 도구나 자재반입을 위해 대형트럭이 출입하기 때문에 전용주차장 및 일반주차장과 긴밀히 연계될 수 있는 곳에 대도구실을 배치한다.

② 배경제작실

- 배경제작실은 재료나 공구의 저장부분, 목재 작업부분, 무대장치 조립부분, 무대장치 채색부분, 소도구 제작부분으로 구성되는 공간이다.
- 제작된 배경의 원할한 반·출입을 위해 출입구의 폭과 천장높이를 여유 있게 계획한다.

③ 기계실

- 공기조화 및 조명 등을 위한 기계 설비를 운용하기 위한 공간으로 기계 가동 소음을 최소화할 수 있도록 계획한다.

(5) 객석

1) 기본조건

- 명확한 가시선과 적정한 수평·수직 시각이 확보되고 편안한 객석 폭을 유지해야 한다.

2) 객석 규모

- 객석의 규모는 연면적의 약 50% 정도로 산정하며 1인당 바닥면적은 0.5~0.6㎡/인, 1석당 점유면적(통로포함)은 0.6~0.8㎡/석 정도로 한다.
- 객석의 평면형 중에서 부채꼴형이 다른 유형에 비해 시각적, 음향적으로 우수해서 가장 많이 사용되고 있으며 장방형 평면형은 객석 최전열 양단에서는 무대의 공연자나 영화의 영상이 왜곡되어 보일 수 있다.

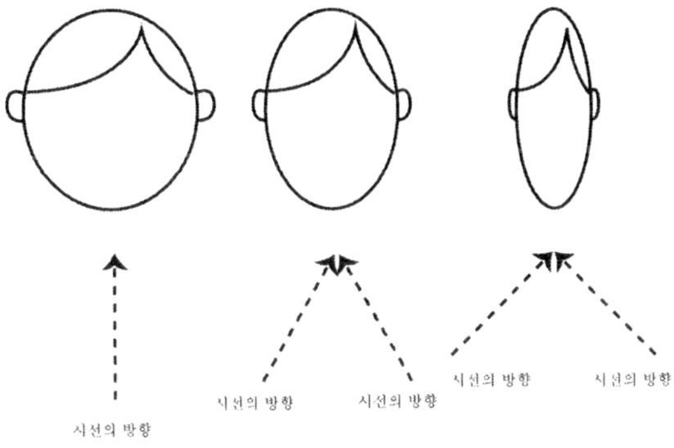

그림 12.14. 시각에 따른 관람대상의 왜곡

-공연장의 객석은 일반적으로 소규모는 100~300석, 중규모는 400~700석, 대규모는 700~1,200석, 초대규모는 1,200석 이상으로 계획한다.

3) 객석 의자

-객석의 의자 크기는 폭 40~45cm 이상, 높이 35~41cm, 등받이 높이 78cm정도가 적당하며 보통 의자 전후간격은 보통 85~110cm 정도로 배치한다.

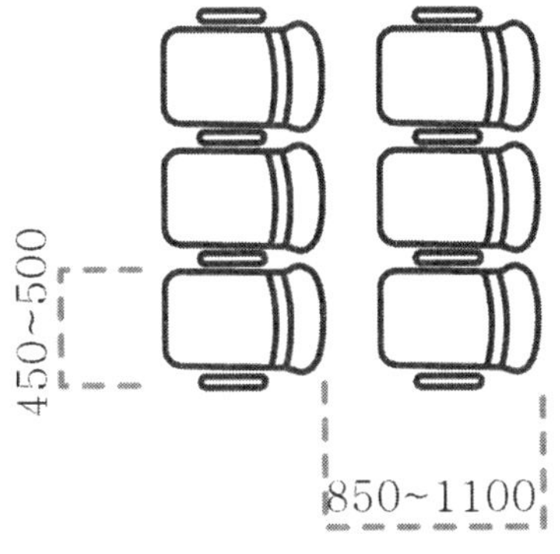

그림 12.15. 객석 의자의 치수 계획

4) 객석의 배열기준

-아래 그림에서 A는 스크린과 무대를 중심으로 한 이상적인 원호의 배열이지만 일반적으로 시공을 용이하게 하고 수용인원을 늘리기 위해 B의 형태로 배열한다.

-이러한 형태로 배열된 객석에는 종 방향으로 통로를 만들어주는 것이 좋고 후면에 넓은 통로를 갖출 수 있어서 합리적이지만 수용인원에 한계가 있다.

-C는 미국의 공연장 배열기준으로 프로시니엄 아치에서 객석 후면 벽까지의 거리를 L이라고 할 때 프로시니엄 아치에서 무대 안쪽으로 L만큼의 거리에 원호의 중심점을 설정하여 객석의 곡선을 각기 다른 반지름을 가진 원호로 그려나가는 방식으로 객석을 배열한다.

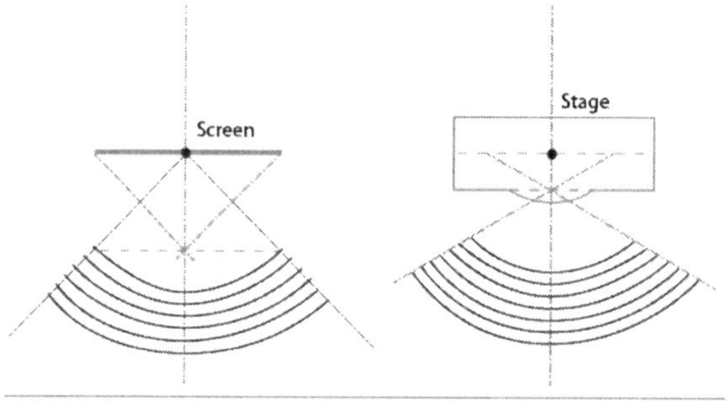

A

A: 스크린이나 무대의 중심으로부터 생성된 원호를 기준으로 배열하는 방식

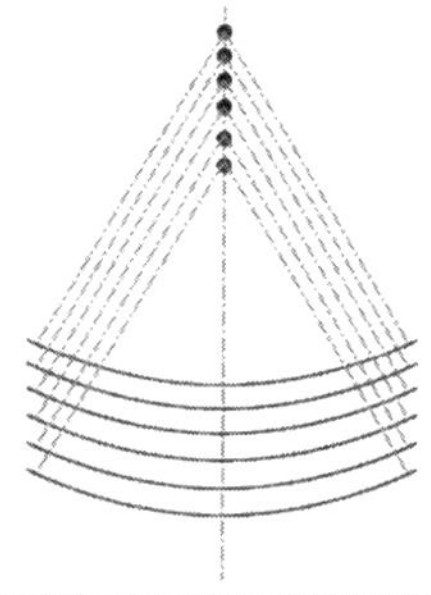

B

B: 일정한 간격으로 같은 반지름을 갖는 호를 반복적으로 배열하는 방식

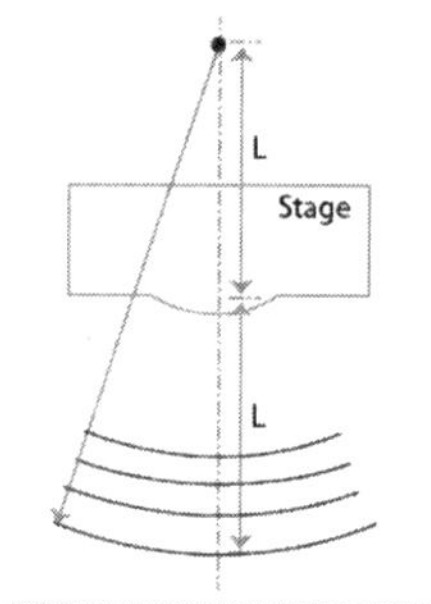

C

C: 프로시니엄 아치에서 무대 안쪽으로 프로시니엄 아치에서 객석 후면 벽까지의 거리(L) 만큼의 거리에 원호의 중심점을 설정하여 객석의 곡선을 각기 다른 반지름을 가진 원호로 그려나가면서 객석을 배열하는 방식

그림 12.16. 객석배열을 위한 작도법

5) 객석 통로

① 통로 배치

-종방향 통로는 무대를 중심으로 한 방사선형으로 배치하는 것이 좋다.

-많은 인원을 수용하는 공연장의 경우에 출구 쪽의 교통량이 증가하므로 출구에 가까이 갈수록 통로폭을 넓히는 것이 좋다.

-객석의 중앙부가 무대를 보기에 가장 좋은 위치이기 때문에 가급적이면 중앙부에 종방향 통

로를 배치하지 않도록 한다.

② **통로 규모**

- 종방향 통로의 폭은 양측통로일 경우에는 0.8m 이상, 편측통로일 경우에는 0.6~1m 이상으로 설치한다.

- 횡방향 통로는 객석 전후 간격이 950mm 이하일 경우에 객석 수 15열 이내마다 폭 1m이상의 통로 1개소를 설치하도록 하고 객석 전후 간격이 950mm 이상일 경우는 객석 수 20열 이내마다 횡방향 통로를 설치한다.

표 12.2. 객석의 통로 조건과 설치 규정

통로 조건		설치 규정
종 방향 통로	양측통로	▶ 0.8m 이상 ▶바닥면적 합이 900㎡이상이 경우는 0.95m 이상의 폭
	편측통로	▶ 0.6 ~1.0m의 폭 이상 설치
횡 방향 통로	의자 전후간격이 950mm 이하	객석 수 15열 이내마다 폭 1m이상 1개소 설치
	의자 전후간격이 950mm 이상	객석 수 20열 이내마다 폭 1m 이상 설치

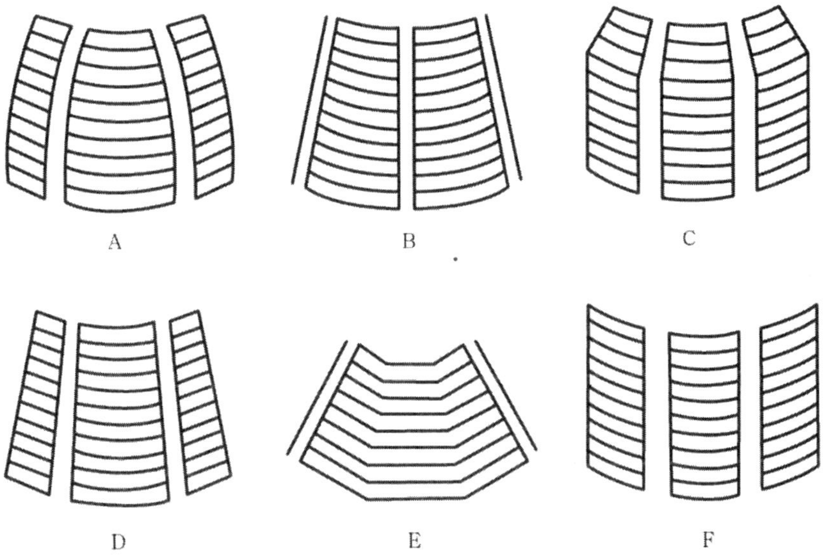

그림 12.17. 다양한 객석 평면형

6) 객석의 가시거리

- 객석에서 관객이 시각적으로 무대나 스크린을 보는 일련의 선을 가시선(Sight line)이라고 한다.

- 가시거리 문제는 수용인원과 밀접한 관계가 있으며 수용인원 확보에 치우치면 자칫가시거리가 멀어질 우려가 있다.

-공연의 내용에 따라 적당한 가시거리를 맞추어 계획하는 것이 바람직하다.

-객석은 가능한 무대와 인접하여 위치시키는 것이 가시선 확보에 효율적이다.

-이러한 가시선의 조건에 따라 평면과 단면의 형상이 결정된다.

-가시거리에 따른 구역별 특징은 다음과 같다.

표 12.3. 가시거리에 따른 구역별 특징

구역(가시거리)	특징
A구역 (생리적 한계거리: 0~15m)	공연자의 표정이나 세밀한 동작, 몸놀림 등을 볼 수 있는 생리적 한계거리 아동극, 인형극
B구역 (1차허용 한계거리: ~22m)	무대가 잘 보이는 동시에 가능한 많은 관객을 수용할 수 있는 거리 소규모 오페라, 발레 등의 현대극, 소규모 국악, 대사를 전제로 한 연극 등
C구역 (2차허용 한계거리: ~35m)	공연자의 일반적인 몸 흔들림이나 동작을 파악할 수 있는 한계거리 대규모 오페라, 발레, 뮤지컬
그 이상 구역 (영화관의 가시거리: ~45m)	영화관에서의 가시거리 한계 심포니 오케스트라 등

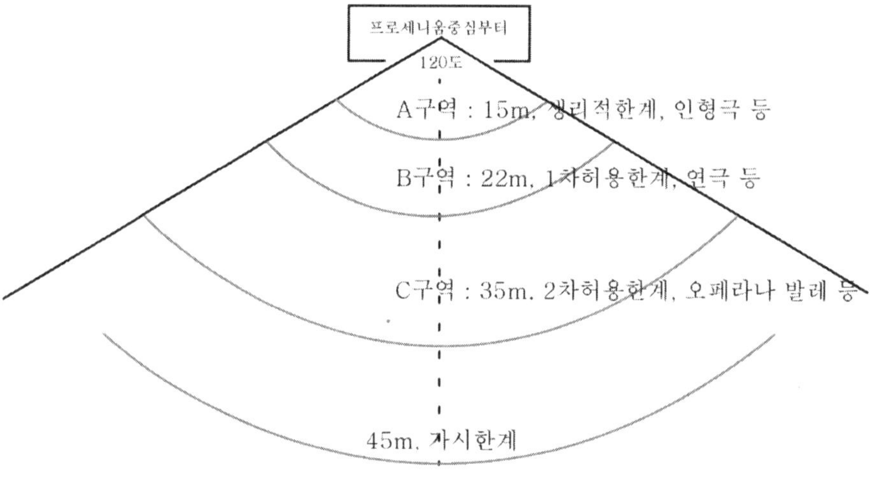

그림 12.18. 구역별 가시거리

7) 스크린, 무대, 좌석의 관계

① 스크린으로부터 좌석까지의 거리

-최소거리: 스크린 폭의 1.2~1.5배

-최대거리: 스크린 폭의 4~6배 (30m)

-최후열 좌석의 폭 : 스크린 폭의 2.5~3.5배

② 스크린과 시각범위와의 관계

-아래 그림에서와 같이 평면상 최전열의 좌석이 스크린에 가까이 배치될 수 있는 한도는 최전열 중심에서 90도 이하, 최전열 가장자리에서 60도 이하를 유지할 수 있는 거리의 범위로 한다.

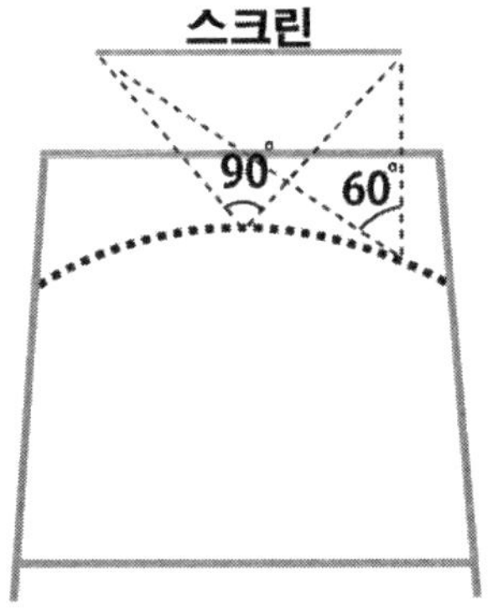

그림 12.19. 평면상 스크린과 시각 범위

-다시 말하면, 평면상 시각범위 한계는 스크린 양쪽 끝에서 90도로 교차하는 두 선의 교점을 최전열의 중심으로 하고 60도로 교차하는 두 선의 교점을 최전열의 가장자리로 정하는 것이 적합하다는 것을 의미한다.

③ **좌석의 선호 범위**

-극장에서 관객이 선호하는 좌석 범위는 다음 그림과 같이 나타난다. 여기서, 알파벳 순으로 선호도가 높은 좌석의 범위를 보여주고 있다.

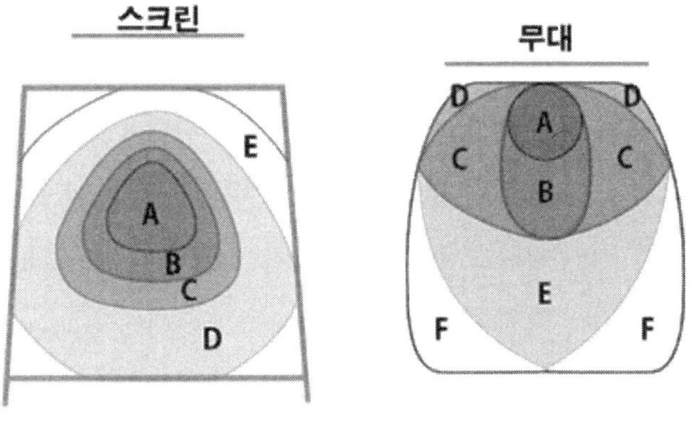

(a) 영화 상영 시 (b) 연극 공연 시

그림 12.20. 극장에서의 좌석의 선호범위

8) 기타 객석 관련실

① **계단 및 복도**

-계단 및 복도는 관객들을 신속하고 안전하게 객석으로 입장시키거나 건물 밖으로 퇴장시킬 수 있는 동선을 구성하여 배치해야 한다.

② **무대 감독실**

-무대전체가 잘 보이는 객석 후면 중앙근처에 설치하는 경우가 많고 감독실내 각 부문과 인터폰으로 연락할 수 있는 설비장치가 요구된다.

(6) 기타 공간

1) 매표소(box office)

-당일용과 예약용으로 구분하여 매표소 창구를 운영할 필요가 있다.

-창구 수는 좌석수 1250석에 대해 당일용 창구와 예매용 창구를 각각 1개씩 설치한다.

-매표소가 외부공간에 노출된 경우에는 직사광선이 내부로 직접 유입되지 않도록 채광 조절장치가 필요하고 실내공기를 정화시키기 위한 환기시설도 필요하다.

2) 현관

-현관에는 충분한 공간확보가 필요하며 장애인용 경사로(ramp)의 설치가 요구된다.

-현관에서는 입장권을 구입하거나 사람을 기다리는 관객들을 위한 충분한 대기공간이 마련되어야 한다.

-객석으로 입장하는 사람들이 혼잡을 피해서 객석으로 들어갈 수 있도록 동선을 구성해야 한다.

3) 로비(lobby)

-공연이 끝나고 관객들이 퇴장할 경우에 혼잡할 수 있으므로 로비와 현관 사이에 설치되는 문은 전면 개방이 가능하고 폭이 넓은 문으로 한다.

-로비의 소음이 객석으로 전달되지 않도록 벽면 및 천장에 흡음재를 사용하여 마감한다. 심지어 흡음 효과를 극대화하기 위해 바닥에도 카펫과 같은 흡음재를 깔 수도 있다.

-1좌석당 적정한 로비면적은 오페라 극장은 0.18㎡, 일반 공연장은 0.16㎡, 영화관은 0.09㎡이다.

4) 라운지(lounge)

-라운지는 로비, 화장실, 전시실, 간이매점과 연결시키는 것이 바람직하며 전시 및 휴식공간의 역할을 하기도 한다.

-1좌석당 적정한 라운지 면적은 오페라 극장은 0.7㎡, 일반 공연장은 0.5㎡, 영화관은 0.1㎡이다.

5) 휴대품 보관소(cloak room)

-객석과 라운지 사이의 잘 보이는 곳에 배치하고 종업원이 일할 수 있는 카운터가 필요하고 2,000석 이상의 좌석을 갖는 공연장에서는 혼잡을 피하기 위해 층별로 분산 배치하거나 로비의 좌우측으로 분산 배치하기도 한다.

6) 화장실

-화장실은 그 내부가 직접적으로 보여지지 않도록 세면공간 등을 경유하여 출입하도록 공간을 구성한다.

12.5. 세부 계획

(1) 음향계획

-객석에서는 소음, 2중음, 잔향, 에코현상, 음의 집중, 공명현상 등과 같은 음향문제가 발생되지 않도록 하고 객석 전체에 명료한 음질이 전달되도록 계획한다.

1) 방음계획

-객석 내 소음은 30~35dB 이하로 유지해야 한다.

-객석의 바닥과 후벽면은 흡음재로 마감한다.

-지붕과 천장은 차음구조로 계획이 요구되며, 영사실 천장은 흡음재 사용이 필요하다.

-공기 난류에 의한 소음을 방지하기 위해 덕트를 유선화하는 것이 바람직하다.

2) 2중음 방지계획

-2중음이란 객석 후면벽이 반사율이 높은 재료인 경우에 무대에서의 음이 반사되어 음원 쪽으로 되돌아오면서 직접음과 반사음이 부딪쳐 발생하는 음을 말한다.

-음원 근처의 천장이나 벽을 반사면으로 하여 반사율이 높은 재료로 구성하고 객석 후면벽은 흡음률이 높은 재료를 사용하여 음이 충분히 흡수되도록 한다.

-2중음은 천장과 바닥 사이, 서로 마주보는 벽들 사이에서 발생 빈도가 높으므로 이 들에 대한 적정한 마감재료를 선정하거나 반사음과 직접음이 충돌하지 않도록 반사면을 경사지게 계획한다.

3) 직접음의 전달

-발코니 하부에는 음의 데드 포인트(dead point: 음이 소멸되는 지점)를 발생하여 음의 크기가 일정하지 않게 된다. 따라서, 발코니는 직접음의 전달을 저해하는 요소가 되므로 다음과 같은 사항을 고려하여 발코니를 계획한다.

① 발코니 돌출부를 적게 하여 음원으로부터 직접음이 원활하게 전달되도록 한다.

② 발코니 객석 하부 반사음 증가를 위해 반사면의 단면을 경사지게 계획한다.

③ 발코니 깊이는 발코니 높이보다 1.5배 이하로 계획한다.

4) 반사음의 전달

-반사음은 측벽보다 천장 면에서 많이 발생되므로, 천장은 직접음이 반사를 통해 객석 후면까지 음이 고르게 전달될 수 있도록 계획해야 한다.

-돔(dome)형의 경우는 음원의 위치여하를 막론하고 천장에서 반사된 음이 한곳으로 집중되므로 피해야 한다.

-무대에 가까운 벽을 반사재로 하고 무대에서 멀리 떨어진 객석과 뒷벽 등에는 흡음재를 배치하는 것이 원칙이다.

-후면의 천장과 발코니 하부 천장을 경사면으로 처리하여 천장면에 반사된 음이 객석에 고르게 전달되도록 한다.

5) 음향조정실

-무대가 잘보이고 장내 음을 듣기 쉬운 위치에 배치한다.

-극장 규모와 용도에 따라 중계 방송실을 두거나 아나운서실을 두기도 한다.

6) 영사실

-영사실의 위치는 영사각을 최소화할 수 있는 높이에 배치한다. 영사실과 스크린의 영사각은 기본적으로 0° 가 가장 이상적이므로 최대한 작게 해야 한다.

-스크린은 객석의 최전열로부터 6m이상 떨어진 곳에 무대바닥에서 500~1,000mm 정도 높이로 설치한다.

(3) 조명계획

1) 주요 지침

-조명은 공연자의 공연이나 무대 배경 강조를 위한 필요한 부분만 설치하는 것이 바람직하다.

-무대전환을 위해 일제 소등이 가능한 계획이 필수적이며 또한 로비 등 공공조명은 적당한 악센트를 주는 것이 필요하다.

-인공조명과 더불어 자연채광을 적극 이용하며 야간에 실내가 외부로 비추어지는 건축화 조명이 이루어지도록 계획하는 것이 좋다.

그림 12.21. 무대 조명

2) 공연장 조명의 종류

표 12.4. 조명의 종류

무대 바닥면 조명	Foot light, Lower Horizont Light, Stage Pocket 등
무대 상부조명	Border Light, Suspense Light, Horizont Light, 음향반사판 Light 등
무대 측면조명	Tomentor Light, Tower Light, Gallery Pocket 등
객석쪽 조명	Front Side Light, Ceiling Light, Floor Spot Light 등
발코니 조명	반드시 필요한 것은 아님

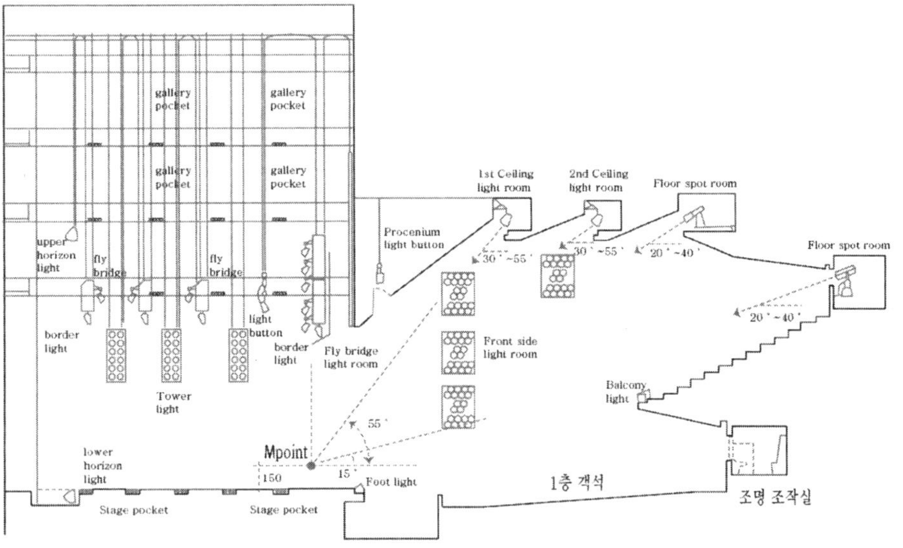

그림 12.22. 무대와 객석의 각종 조명들

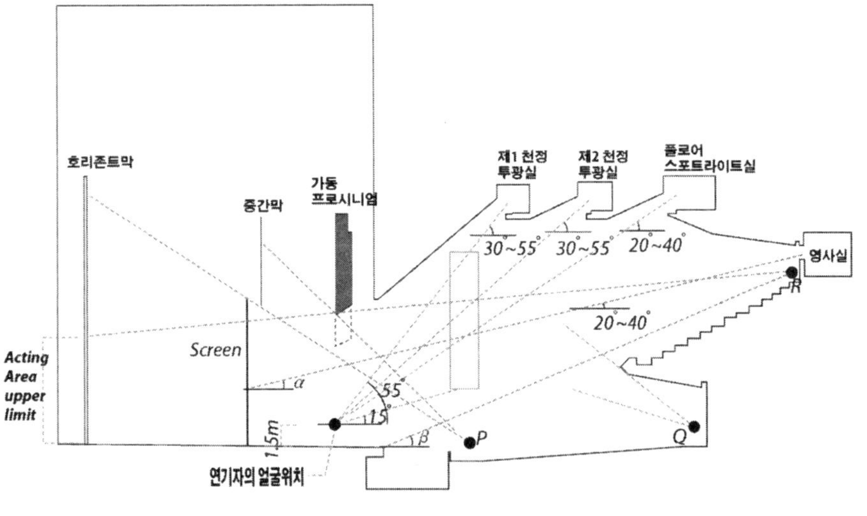

그림 12.23. 무대와 객석의 조명 각도 범위

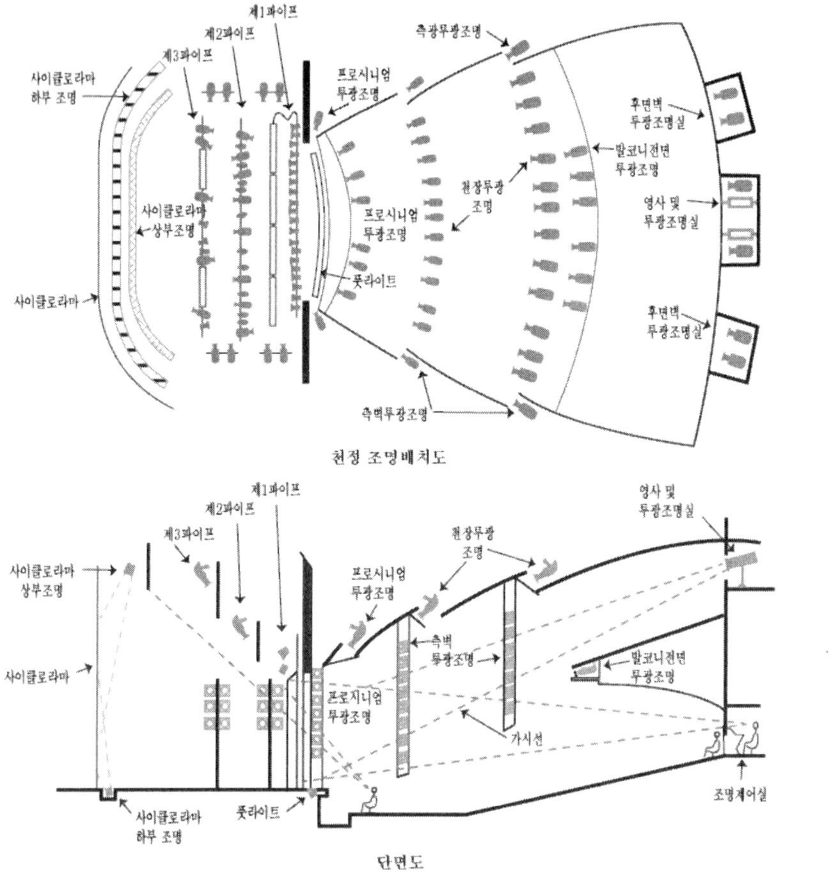

그림 12.24. 프로시니엄 극장의 조명 위치

3) 조명각도범위

-천장조명(ceiling light)은 연기자의 얼굴에 그늘을 만들지 않도록 30~55° 각도가 양호하고 국부조명(spot light)은 천장조명(ceiling light)보다 20~40° 가 적합하다.

-프론트 사이드(front side) 투광실은 15~55도 사이에 2~3개 정도로 구분하여 설치한다.

4) 조명제어실(조광실)

-무대조명을 적절하게 제어하는 중심실로 소규모 극장에서는 음향제어실과 통합하여 운영하기도 한다.

-가급적 무대 가까이에서 무대가 잘 보이는 곳에 배치한다.

(4) 공기 조화 설비

-공기 조화가 이루어질 경우에시 덕트를 통해 기계실 소음이 전달되지 않도록 해야 하며 일

정한 풍량을 관객영역으로 균등하게 분포시킬 수 있어야 한다.

-풍량은 객석면적 1㎡당 25~75㎥/hr가 적당하다.

-급기 방식은 디퓨저의 위치에 따라 천장급기와 측벽급기 방식으로 분류된다.

① **천장급기**

-무대의 벽을 따라 송풍 덕트를 설치하여 천장내부에서 디퓨저(diffuser)로 온풍 또는 냉풍을 송풍하는 방식으로 디퓨저가 천장에 노출되고 냉·난방시 실내공기 분포가 균일하지 못하다.

② **측벽 급기**

-바닥이나 천장에 주덕트를 설치하고 이 곳에서 분기된 수직 덕트를 측벽 내부에 설치하여 측벽의 디퓨저를 통해 온풍 또는 냉풍을 송풍하는 방식으로 측벽 내부에 덕트 설치를 위한 충분한 공간을 확보해야 하는 단점이 있지만, 천장급기 방식에 비해 냉·난방시 실내공기 분포를 균일하게 유지할 수 있는 장점이 있다.

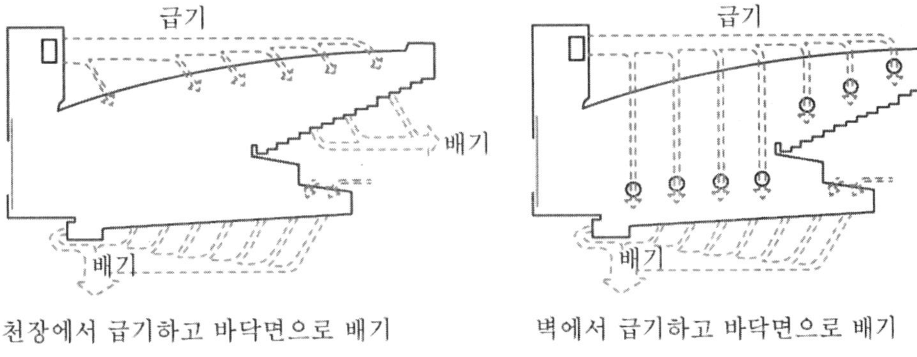

그림 12.25. 천장 급기와 측벽 급기방식

OX 퀴즈

1. 공연장의 평면형식 중 프로시니엄(proscenium)형은 연극, 강연, 독주, 콘서트 공연 등에 적합하다. ☐
2. 프로시니엄형은 공연자가 일정한 방향으로만 관객을 대하게 되고 무대 가까이로 많은 관객을 수용하기 어렵다. ☐
3. 공연장의 평면형식 중 오픈 스테이지(open stage)형은 무대장치 및 배경 설치가 쉽다. ☐
4. 오픈 스테이지형은 가까운 거리에서 관람하면서 가장 많은 관객을 수용할 수 있다. ☐
5. 애리나(arena)형은 다른 평면형들에 비해 가장 많은 관객을 수용할 수 있다. ☐
6. 애리나형은 다른 극장 평면형에 비해 연가자의 방향감에 혼란을 줄 수 있다. ☐
7. 가변형 무대(adaptable stage)는 최소 설치비용으로 최대한의 표현이 가능한 유형이다. ☐
8. 객석이 뒤쪽으로 갈수록 점차 넓어지는 부채꼴형 평면의 공연장의 경우에 음환경이 불량하다. ☐
9. 무대 공연이 이루어질 경우에는 발코니 객석의 최후열에서 가장 이상적으로 무대바닥을 볼 수 있는 각도는 약 25° 이다. ☐
10. 영화 상영관의 스크린 중심에서 최전열 좌석에 앉아있는 관객의 시선에 대한 각도는 15° 이하, 최후열 좌석에 앉아있는 관객의 시선은 30° 이하로 계획하는 것이 좋다. ☐
11. 공연장의 그린룸(green room)은 출연자 대기실을 말하고 앤티룸(ant room)은 출연자들이 출연 바로 직전에 대기하는 공간이다. ☐
12. 객석 바닥 경사의 기준은 무대전면부터 객석 끝까지의 길이의 1/3을 수평으로 하고 그 뒷부분 2/3에 해당하는 부분의 바닥 구배를 1/12 정도로 경사지게 한다. ☐
13. 프롬프터박스(prompter box)는 객석 쪽에서 보이지 않는 곳에 설치되어 공연자에게 대사 및 가사를 일러주는 곳이다. ☐
14. 플라이 로프트(fly loft)는 무대 상부공간으로 그 높이는 프로시니엄(proscenium) 높이의 4배 이상으로 한다. ☐
15. 공연장 가시거리 중에서 1차 허용 한계거리는 15m, 2차 허용 한계거리는 22m이다. ☐

16. 에이프런 스테이지(apron stage)는 커튼라인의 막을 경계로 객석쪽으로 나온 부분의 무대이다. □

17. 사이클로라마(cyclorama)는 무대의 제일 뒤에 설치되는 무대 배경용의 벽을 말한다. □

18. 그리드 아이언(grid iron)은 공연장 무대 상부에서 깔린 격자형 철판 바닥으로 배경, 조명기구, 연기자, 음향판 등이 매달릴 수 있게 하는 설비이다. □

19. 록레일(rock rail)은 와이어 로프를 한 곳에 모아서 조정하는 장소로 일반적으로 무대의 좌우에 설치한다. □

20. 객석 최후열에 위치한 관객의 눈 높이는 프로세니움의 정점보다 높게 둔다. □

21. 연극 등을 감상하는 경우 연기자의 표정과 세밀한 동작을 읽을 수 있는 생리적 한계거리로서의 가시거리 한계는 15m까지 이다. □

22. 극장에서 스크린으로부터 좌석까지의 최소거리는 스크린 폭의 4~6배(30m)이다. □

23. 극장에서 평면상 시각범위의 한계는 스크린 양쪽 끝에서 90도로 교차하는 두 선의 교점을 최전열의 중심으로 한다. □

24. 공연장 음형계획시 내부 후면의 천장과 발코니 하부 천장을 경사면으로 처리하여 천장면에 반사된 음이 객석에 고르게 전달되도록 한다. □

25. 공연장의 음향계획시 잔향을 조절하기위해 무대에 가까운 벽에는 흡음재를 적용하고 무대에서 멀리 떨어진 객석 및 뒷벽 등에는 반사재를 사용하는 것이 원칙이다. □

26. 객석의 횡방향 통로의 폭은 0.8m이상으로 한다. □

27. 객석의 종방향 통로의 폭은 1m이상으로 한다. □

28. 객석의 종방향 통로는 무대를 중심으로 한 방사선형으로 배치하는 것이 좋다. □

29. 객석 중앙부는 무대를 보기에 가장 좋은 위치이기 때문에 가급적 중앙부에는 종방향 통로를 배치하지 않는다. □

30. 객석의 의자 높이는 35~41cm가 적당하다. □

13
박물관 · 미술관

13.1. 기본 사항

정의
기능
유형

13.2. 대지 계획

대지 조건
대지 규모
대지 내 소요공간

13.3. 평면 계획

기능별 소요공간 및 면적구성
동선 계획
전시 형식
전시 공간 순회형식
소요 시설

13.4. 단면 계획

층수
천장 높이

13.5. 세부 계획

조명 계획
전시물 보존 계획
시야를 고려한 전시범위
전시 기법

13.1. 기본 사항

(1) 정의

-박물관•미술관을 의미하는 'Museum'은 그리스 신화의 시와 음악의 여신 'Muse'의 신전 'Museion' 명칭에서 생겨난 것으로 다양한 분야의 자료나 물품을 수집, 전시, 교육하는 문화 시설이다.

(2) 기능

-각종 지도, 연구, 계몽운동을 주도한다.

-자연 및 자원 보호에 대해 계몽한다.

-문화재 보호에 대한 사명감을 부여한다.

-지역사회 발전에 기여한다.

-전문직을 창출하고 전문가를 양성한다.

-학교 교육의 보조자 및 협력자 역할을 한다.

-각종 정보를 제공하고 문화 이벤트를 개최한다.

-시대문화를 총체적으로 조직하고 계획한다.

-전문적이고 대중적인 공공기능을 수행한다.

-학술적인 커뮤니케이션의 장이 된다.

-각종 연구 및 편의시설을 제공한다.

(3) 유형

1) 운영주체별 유형

① 국 · 공립 박물관

-국가 또는 지방자치단체가 설립하고 운영한다.

② 사립 박물관

-특정법인, 단체 또는 개인이 주체가 된 박물관으로 개성이 뚜렷한 경우가 많다.

2) 전시 방식에 따른 유형

① 콜렉션(collection)형

-주제가 명확하고 전시물이나 활동이 한정되는 유형으로 보존 및 연구를 위한 소규모 미술관에 많이 적용된다.

② 프리젠테이션(presentation)형

-전시물이 한정되지 않기 때문에 자유도가 높은 전시공간을 필요로 하며 주로 대규모 미술관의 예가 많다.

③ 소통(communication)형

-특정 이벤트를 통해 단순히 보는 전시장이 아닌 관람객이 직접 참여할 수 있는 유형이다.

3) 전시물 내용에 따른 유형

① 종합 박물관

-서로 다른 여러 분야의 자료를 전시하는 유형.

② 전문 박물관

-특정분야의 자료만 전문적으로 전시하는 유형.

표 13.1. 전문박물관의 분류

대분류	중분류-1	중분류-2	소분류
인문과학계	미술박물관	고미술박물관	회화박물관, 동양미술관
		서양미술박물관	조각박물관, 공예박물관
		근대미술박물관	연극박물관, 건축박물관
	역사박물관	역사박물관	문화사 & 고문서박물관
		민속학 박물관	민가원
		고고학박물관	-
자연과학계	자연사박물관	지질박물관	화석박물관, 광물박물관
		동물박물관	곤충박물관
		식물박물관	-
	사육재배박물관	동물원	-
		식물원	식물원
		수족관	-
	이공학박물관	산업박물관	농업박물관
	천문박물관	-	-

4) 전시 장소에 따른 유형

① 실내 전시형

-일반적인 박물관과 미술관.

② 옥외 전시형

-민속촌, 동물원, 식물원 등.

③ 현지 보존형

-유적지, 발굴지, 시가지보존 등.

5) 전시 기능에 따른 유형

① **복합 기능형**

-여러가지 기능을 취급하는 유형.

② **보존 기능형**

-문화 유적이나 기념물에 대한 보존의 기능이 중요시 유형.

③ **교육 기능형**

-대중교육 또는 학교 교육과의 연계가 중요시 되는 유형.

④ **연구 기능형**

-자료의 연구 기능이 강조되어 전문적 영역이 명확한 유형.

⑤ **레크레이션 기능형**

-관광, 문화 체험 등의 레크레이션 활동이 중시되는 유형.

13.2. 대지 계획

(1) 대지 조건

-대중들이 쉽게 찾아갈 수 있는 장소.

-매연, 먼지, 재해, 소음으로부터 피해가 적은 장소.

-도심 및 시내의 공원이나 녹지 내에 조성하기도 하고 자연의 풍광이 좋은 교외에 조성하기도 한다.

(2) 대지 규모

-입지 장소에 따라 대지 규모가 다양하고 대지규모는 박물관 이용자의 접근성을 좌우하기 때문에 대지규모는 연면적의 2배 이상을 확보한다.

-주차장 면적도 여유롭게 계획하는 것이 좋다.

(3) 대지 내 소요공간

-박물관·미술관 대지에는 건축물 이외에도 접근로. 전정(前庭), 주차장, 서비스 야드(service yard), 중정(artrium), 수변공간 등과 같은 공간들이 조화를 이루어 배치되어야 한다.

13.3. 평면 계획

(1) 기능별 소요공간 및 면적구성

1) 기능별 소요공간

-박물관·미술관의 소요공간은 기능별로 전시, 교육 및 커뮤니케이션, 조사 및, 연구, 수집과 보관, 관리, 기타로 나눌 수 있으며 세부 소요공간은 다음과 같다.

표 13.2. 기능별 소요 공간

기능	세부 소요공간	내용
전시	전시실, 옥외전시장	자료전시
교육·소통	집회실, 강의실, 참고자료열람실, 서고, 도예실, 공예실, 조소실, 미술실, 옥외실습장, 학예상담실,	집회, 강의, 자료열람, 창작, 정보교환
조사·연구	자료실, 기록실, 사진실, 실험실, 기계실, 공작실	자료수집, 정리, 연구, 수리, 기록
수집·보관	미술품보관고, 자료준비실, 전시준비실, 심사실, 자료창고, 소독실, 스튜디오, 하역실, 접수실	자료 보호, 수납자료 운반, 포장
관리	관장실, 부관장실, 사무실, 응접실, 회의실, 접수데스크, 탈의실, 숙직실, 화장실, 경비원실, 기계실, 전기실, 공조실, 방조실, 휴게실, 탕비실, 의무실, 엘리베이터, 반입리프트, 주차장	원활한 시설의 운영업무, 사무시설의 유지관리
기타	휴게실, 커피숍, 식당, 매점, 주방, 클록, 현관홀, 매표소, 로비, 간이코너	휴식, 식사, 물품판매

2) 기능별 면적 구성

-박물관•미술관의 규모는 전시자료규모, 운영형태, 장래의 계획에 따라 달라지는데 대개 다음과 같은 계획 기준에 따라 소요시설에 대한 면적을 배분한다.

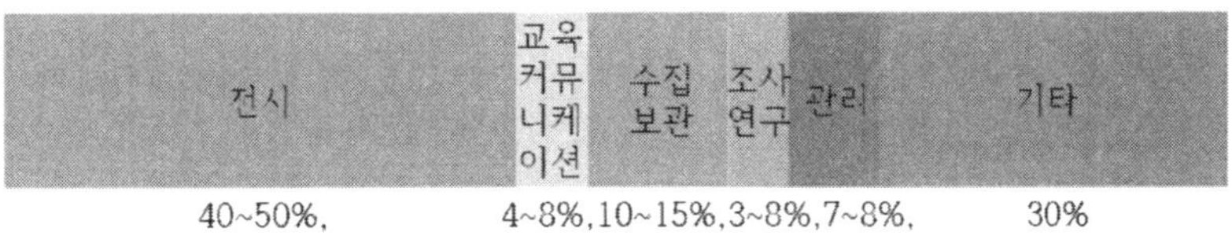

그림 13.1. 소요시설의 면적구성

(2) 동선 계획

-사람과 자료의 동선, 관람자와 직원 출입구는 명확히 분리해야 하며 두 방향 이상의 피난경로의 확보가 요구된다.

(3) 전시 형식

1) 전시벽면과 동선유형

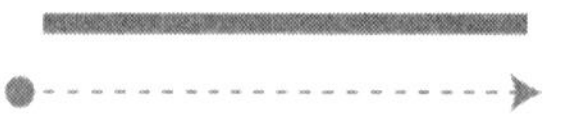

연속적으로 이어진 전시벽체를 따라 이동하기만 하면 되는 전시벽면 한면이며 입구와 출구가 구분되어 동선이 명확하다.

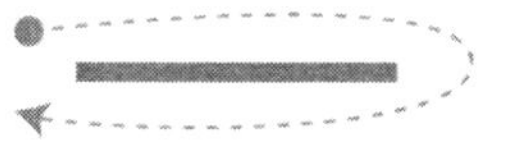

연속된 양면 전시벽으로 입구와 출구가 동일하며 한정된 동선형태를 보인다.

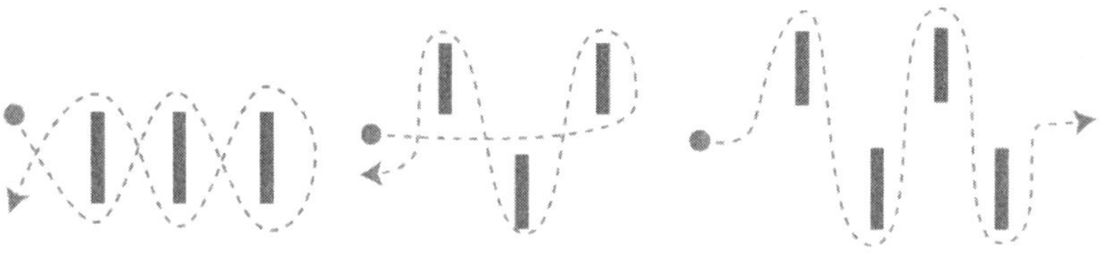

분리된 양면의 전시벽면으로 구성되어 세 번째 유형을 제외하고는 입구와 출구가 동일하고 동선이 교차한다.

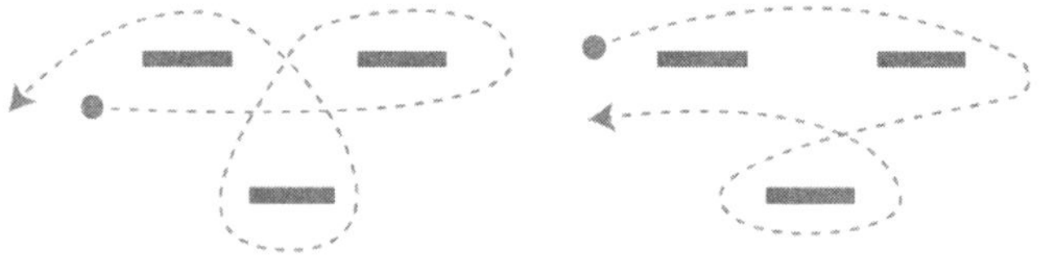

입구와 출구가 동일하고 형태가 동일한 양면 전시벽면이다. 이러한 유형의 전시는 관람순서를 규정짓지 않으며 대부분의 관람자도 직관을 따라 움직인다.

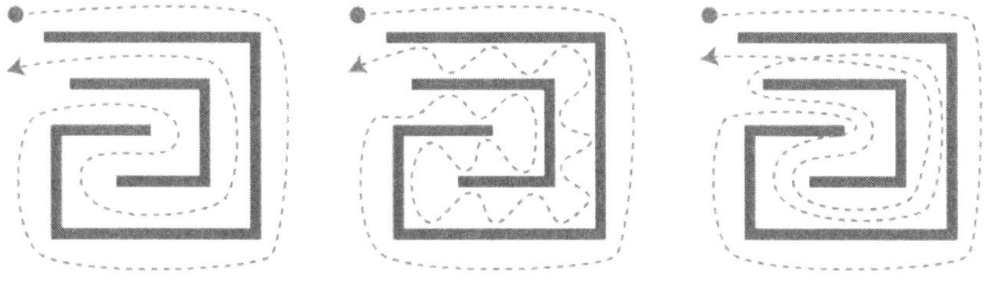

입구와 출구가 동일하고 미로같은 형태로 다소 혼잡된 동선유형을 보인다. 설계자들은 첫 번째의 양상으로 동선을 예측하지만 사실 전시물을 꼼꼼하게 보고자 마음 먹는다면, 그리고 다시 돌아오기 싫어하는 관람자라면 두 번째의 양상으로 지그재그로 이동하게 되고 다른 관람자와 동선이 교차되며 고개를 좌우로 계속 돌려야 하므로 다 보고 나면 머리가 아프기도 한 전시 형식이다. 그래서 심플하게 집중해서 보고자 하는 관람자는 세 번째의 양상으로 중첩 이동한다. 이런 형태는 작은 글씨가 많지 않고 가볍게 보고 지나갈 수 있는 전시물에 바람직한 전시벽면유형이다.

(4) 전시 공간 순회형식

1) 연속순로(접실순로) 형

-전시실을 연속 배열한 유형으로 전시공간을 차례로 지나서 관람하는 유형이다.

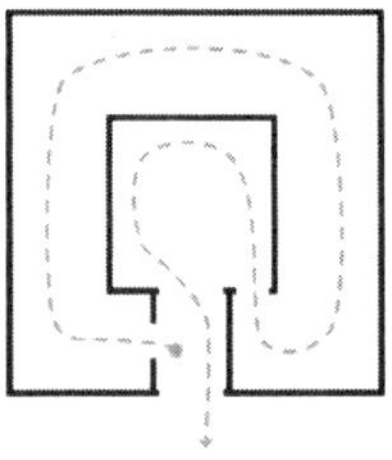

그림 13.2. 연속순로형

장점	▪ 구성이 단순하고, 공간이 절약되어 소규모전시실에 유용하다. ▪ 전시공간을 모두 관람할 수 있다. ▪ 전시벽면을 많이 만들 수 있다.
단점	▪ 관람을 원하지 않는 전시공간도 순서대로 통과해야 한다. ▪ 어느 한 공간을 폐쇄하면 동선상 흐름이 단절된다, ▪ 단조로움을 느끼게 한다.

2) 중앙홀(홀 접속) 형

-중앙홀을 통해 각 전시실로 접근하는 유형으로 중앙홀 상부에 높은 천장을 설치하여 고창에 의한 채광이 이루어지기도 한다.

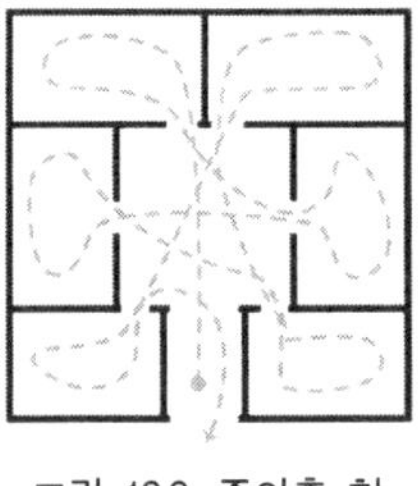

그림 13.3. 중앙홀 형

장점	▪ 실의 일부를 폐쇄해도 전시순로에 무리가 없다. ▪ 중규모 시설에 적합하다. ▪ 원하는 전시공간에 대한 선택적 관람이 가능하다.
단점	▪ 중앙홀이 좁으면 동선에 혼란이 발생할 있다. ▪ 장래 확장이 어렵다.

3) 갤러리 및 복도형

-복도에 의해 각 전시실을 연결하는 유형으로 대규모의 시설에서 많이 채택된다.

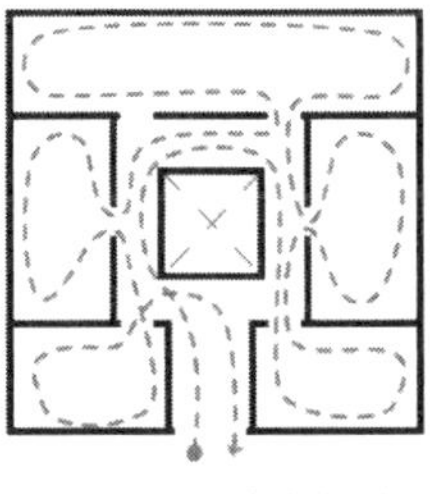

그림 13.4. 갤러리 형

장점	▪ 실의 일부를 폐쇄해도 전시순로에 무리가 없다. ▪ 원하는 전시공간에 대한 선택적 관람이 가능하다. ▪ 최소 면적으로 최대의 전시벽면을 얻을 수 있다.
단점	▪ 공간 구성이 복잡해지면 자칫 미로화될 수 있다.

(5) 소요시설

1) 전시 공간

-전시공간은 전시실, 특별전시실, 준비실, 옥외전시실, 휴게실 등으로 구성되고 전시공간의 평면유형은 다음과 같다.

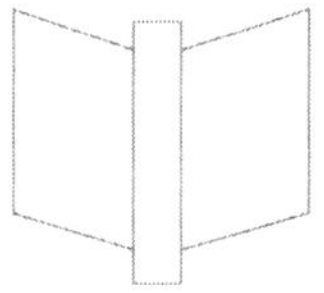	대칭형 전시품의 시각적인 질서를 제공하는데 효과적인 형식이다.
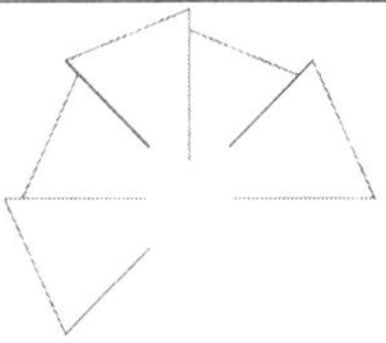	부채꼴형 소규모 박물관에 적합한 유형으로 다양한 전시공간을 선택할 수 있는 유형이면서 반면에 변화가 주어지면 이용자가 혼란스러움을 느껴 전시품 감상 의욕을 저하될 수 있다.
	장방형(블록 배열식) 가장 많이 사용되는 유형으로 지각이 쉽고 명쾌하며 무한한 변화를 줄 수 있는 유형이며 관람자가 자유롭게 관람할 수 있다.
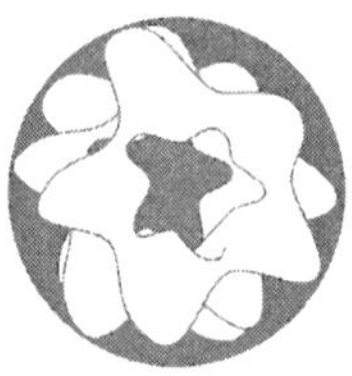	원형(별모양배치) 중앙을 중심으로 전시공간을 분산 배치한 유형이다. 이용자의 통행흐름이 단절될 수 있는 유형이며 고정된 축이 없어 이용자의 지각이 분산된다. 관람객의 주의집중이 어렵고 위치파악이 어려울 수 있으므로 전시공간중앙에 주요 작품을 배치시키고 주변에 유사한 성격의 작품을 전시하는 것이 좋다.
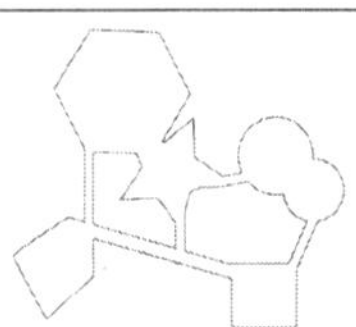	자유형 이용자가 한눈에 전시공간 전체를 파악하기 힘든 형식이며 대규모 전시공간에는 부적당하다.
	조합형(사슬형 배치) 소규모 전시공간들이 일련의 통로나 연결공간으로 상호간 연계되어있는 형식이다.
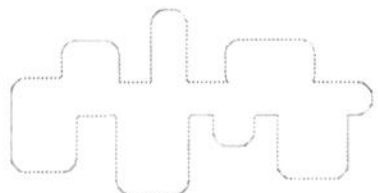	선형타입(연속 배치형) 중심축에 따라 전시공간을 구성하며 연속적 주제에 대한 비교 목적에 효과적이다.

2) 교육 및 커뮤니케이션 공간

-강연, 강좌, 도서 및 자료 제공 및 출판, 서비스, 타 박물관과 교류 등과 같은 교육 및 커뮤니케이션은 박물관(미술관)의 사회적 측면에서 주요한 기능이다.

3) 수집 및 보관 공간

-수장고를 많이 보유하면 정보량이 커지고 상설전시 교체능력이 커진다.

4) 조사 및 연구 공간

-학예원실, 회의실, 도서실, 자료실, 정보처리실로 구성된다.

5) 관리 공간

-사무실, 관장실, 응접실, 회의실, 숙직실, 화장실, 기계실 등이 있다.

6) 기타 공간

-현관홀, 매표소, 로비, 매점, 휴게실, 간이코너, 식당 등이 있다.

13.4. 단면 계획

(1) 층수

-층수는 노인이나 신체장애자를 고려해서 2~3층 정도의 그리 높지 않은 규모가 적합하고 높은 층으로 계획할 경우에 경사로(ramp) 및 엘리베이터를 설치할 필요가 있다.

(2) 천장

-천장높이는 최저 3m 이상 필요하나 보통은 4~5m이며 인공조명만을 이용할 경우에는 3.6~4m로 한다.

-로비, 관리영역등의 1층 층고는 4~5m, 연구실, 사무실 등의 천장높이는 2.5~3m, 기계실 등과 같은 설비 관계실의 천장높이는 5m이상으로 한다.

13.5. 세부 계획

(1) 채광 및 조명 계획

-이용자의 그림자가 전시물위에 생기지 않도록 해야 하며 화면이나 전시케이스 유리면에 다른 영상이 반사되는 현상이 일어나지 않게 한다.

-광색이 적당하고 변화가 없어야 하고 눈부심 현상이 없어야 하며 인공조명은 인간의 시각적 적응노력을 필요로 하기 때문에 자연채광과의 적절한 조화가 필요하다.

1) 자연채광 계획

-자연스러운 분위기의 연출이 가능하고, 자연채광이므로 에너지절약도 가능하다.

-안정된 광색의 조명이 불가능하고 휘도분포가 일정하지 않아 인공조명으로 보완이 필요하다.

-200룩스(lux) 이하의 낮은 조도 영역에서는 침체된 분위기가 될 수 있다.

-전시물의 변색이나 손상을 가져오는 자외선과 적외선에 대한 차단 시설이 필요하다.

-옛 유물과 달리 훼손의 걱정이 없는 현대의 전시물들은 자연채광의 도입이 필요한데 그 이유는 조명의 역할 뿐 아니라 동선의 흐름을 인지시키는데 가장 적합한 방법 중 하나이기 때문이다.

2) 자연채광 유형

① 정광창(top light) 형

-창을 크게 확보하고 벽면조도를 높게 하는 것이 가능한 유형이며 반사 및 눈부심을 피하기 위해 천장을 높게 하는 것이 효율적이다.

-전시공간 중앙부를 가장 밝게 하며 전시벽면에 균등한 조도를 유지시킬 수 있다.

-직접 직사광선이 유입되어 전시물의 변색이나 손상을 가져올 수 있으나 많은 채광량을 요하는 조각전시에 적합하다.

-유리 케이스내의 전시물에는 부적합하다.

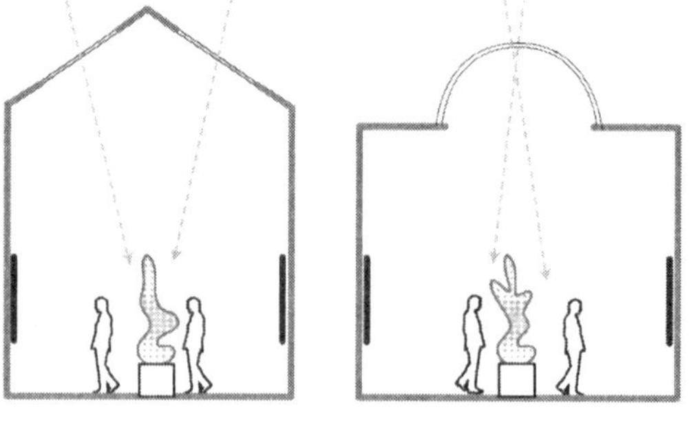

그림 13.5. 정광창 형식

② 측광창 형식(side light)

-반사로 인한 눈부심에 대한 대책이 필요하며 외부 채광의 확산, 광량의 조절, 열절연 설비 등을 병용하는 것이 좋다.

-단면형식이 다른 유형에 비해 단순하다.

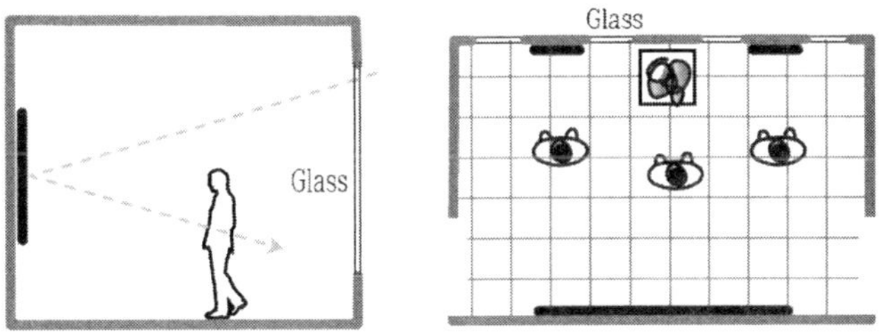

그림 13.6. 측광창 형식

③ **고측광창 형식(clearstory)**

-전시실벽면의 조도가 관람자가 서있는 곳의 조도보다 낮다.

-누수나 적설의 우려가 적다.

-천장높이가 높아지고 조도도 부족하기 쉽다.

-측창창과 정광창의 절충형식이다.

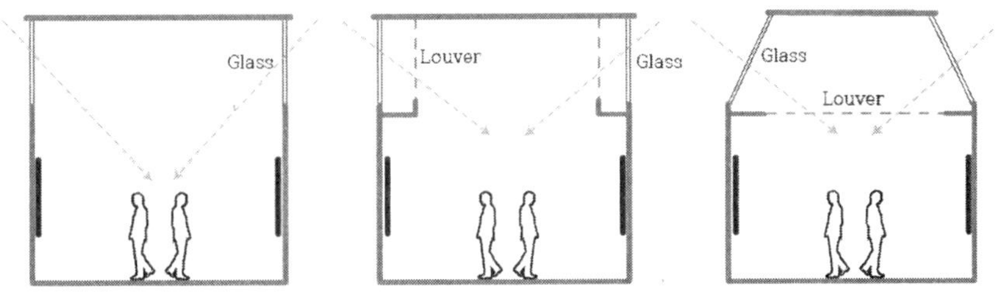

그림 13.7. 고측광창 형식

④ **정측광창(Top side light)**

-이용자 상부 천장은 폐쇄하고 상부 중앙부분 측벽에 창을 설치한다.

-이용자 위치 및 중앙부는 어둡고 전시 벽면의 조도는 높게 할 수 있다.

-천장높이가 높아 광선유입이 약해질 수 있다.

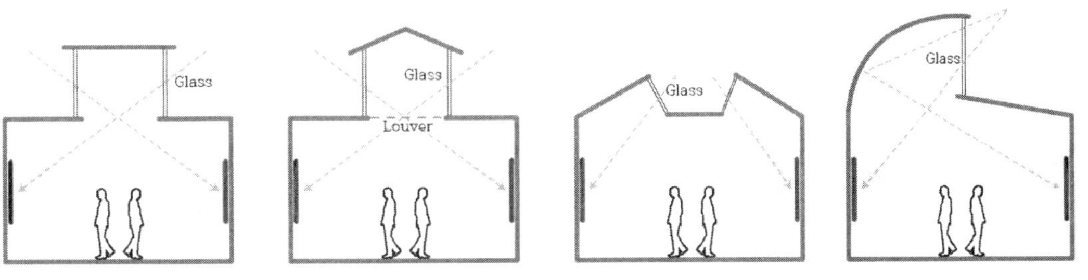

그림 13.8. 정측광창 형식

3) 인공조명계획

① **인공조명의 특징**

-빛의 강도와 색 분포 조절이 쉬워 빛을 효과적으로 연출할 수 있다.

-연색성이 떨어진다.

-천장높이를 낮출 수 있으나 그로인해 시각적 압박감을 느낄 수 있다.

② **조도**

-각각의 전시물과 공간에 적절한 조도는 다음과 같다.

표 13.3. 각 전시물과 공간의 조도

대상	금속조각, 모형조형물	서양화, 플라스틱조각	회화, 입구홀, 연구조사실	공예물, 동양화, 일반진열
조도(Lux)	800~1200	400~500	240~400	180~200
대상	소집회실, 세면대, 화장실	식당, 휴게실, 실전반, 표본	수납고, 복도 및 계단	영상전시장
조도(Lux)	160~200	100~140	55~65	15~25

③ **광원**

-광원의 색, 효율성, 설비 및 유지비용, 조명방법 등을 고려해야 하는데 인공광은 자연광의 광색에 가까운 것보다는 오히려 색온도가 낮은 광색이 좋다.

-자연광의 경우에는 색은 충실히 재현되지만 자외선 차단 필터를 사용하지 않으면 자외선이 전시물에도 손상을 입힐 수 있다.

-형광등을 광원으로 사용하면 자연광을 광원으로 사용할 경우에 비해 전시물의 손상도가 낮다.

-특히, 자외선 방지형 형광등이나 고연색형 형광등을 사용하면 전시물에 대한 손상도를 더욱 낮출 수 있다.

-형광등은 발열량이 적으나 보편적으로 연색성이 좋지 않다.

-백열등은 전시물에 따뜻한 분위기를 연출할 수 있으나 열방사에 의한 전시물의 손상을 일으키는 광원으로 적외선 차단 필터를 필요로 한다.

-할로겐램프은 자외선을 방출하므로 주의가 필요하다.

-HID(High-Intensity Discharge) 램프는 연색성이 좋은 광원으로 주로 천장조명에 사용하는데 자외선 방출량이 많아 자외선 차단 필터를 사용해야한다.

④ **조도와 눈부심**

-전시면의 최저조도와 최대조도의 비가 1:1.5이하가 되도록 한다.

-전시화면을 감상할 때 화면으로부터의 감상 거리는 화면 대각선의 1~1.5배로 하고 관람자 눈높이 평균은 약 1.5m로 보고 광원 위치와 시각과의 관계는 화면 상단에서 정반사가 일어나지 않는 위치에 광원을 설치하며 작품의 조면이 매끄럽지 못하다면 미세하게 화면 내에서 그림자가 생기므로 화면 하단에서 약 20도 이내에는 광원을 설치하지 않도록 한다.

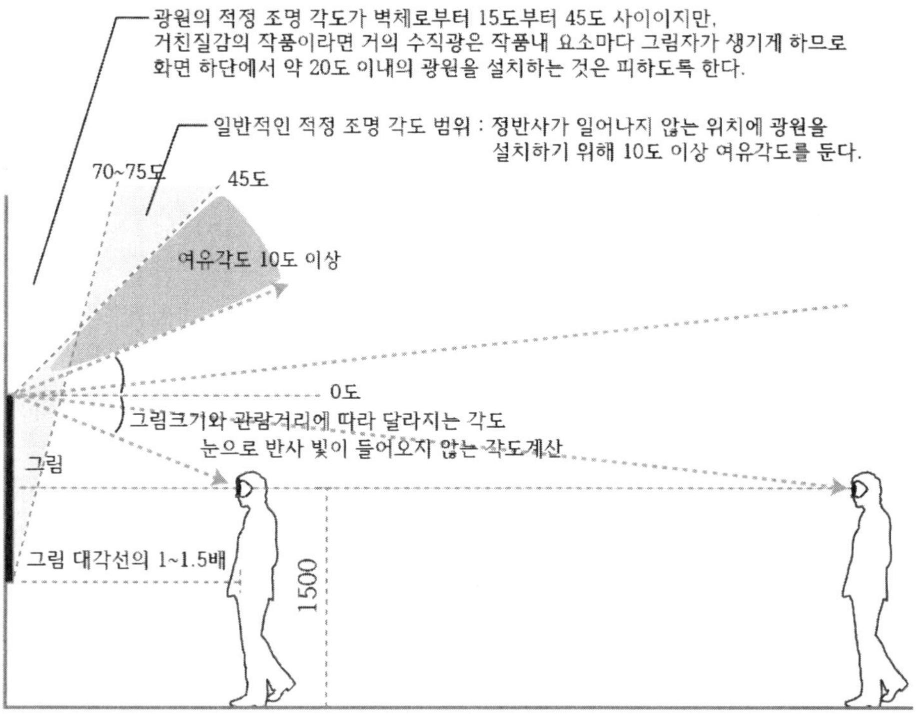

그림 13.9. 전시벽면과 광원의 위치

(2) 전시물 보존계획

1) 전시공간의 환경조건

표 13.4. 전시공간 환경조건

내용	조건
온도	20±2℃
상대습도	53±7%
고형물체, 먼지	최소한 60% 효용의 1micron 이하
이산화황	10μg/m^{3}이하
이산화질소	10μg/m^{3}이하
오존	0~2μg/m^{3}이하

2) 적외선과 자외선

-적외선(열선)은 전시물의 형태 등을 변형 및 훼손시키고 자외선은 전시물의 색채를 변하게 하는데 적색계, 황색계, 청색계의 순서로 파괴시키므로 전시물을 보존을 위해서 적외선과 자외선을 피해야한다.

3) 온습도

-전시물의 손상을 막기위해 저온, 저습, 항습의 공간이 필요하다.

-대책으로는 내벽의 습도조절 효과를 높이는 방법과 바닥에 환기구를 설치하여 공기가 통하

도록 하고 최상층에도 지붕바닥과 별도로 이중처리가 필요하며 수장고는 1층 이상에 두는 것이 바람직하다.

-특히. 전시물 보관소는 물을 사용하는 곳으로부터 격리되어야 하고 결로가 발생하지 않도록 온도구배의 완화나 해소가 필요하다.

(3) 시야를 고려한 전시범위

-사람의 시야는 좌우 약 40도의 각도를 갖는 범위 내의 사물을 지각하는데 익숙하므로 이를 고려하여 전시범위를 정한다.

-실제 시야는 이보다 훨씬 넓지만 눈동자를 움직이는 것보다 머리를 움직이는 것이 편하기 때문에 40도 정도를 사용한다.

-위아래의 수직적인 시야는 각각 27도정도로 잡는다.

-정면을 바라본 상태에서 머리를 움직이지 않고 눈동자를 움직여서 바라볼 수 있는 상향각도는 최대 46~55도이며 하향각도는 최대 67~80도이다.

-전시물의 위치는 사람의 눈높이에서 보통 상향으로는 30도 이내, 하향으로는 40도 이내의 범위내에 있도록 설치하는 것이 바람직하다.

-정면을 바라본 상태에서 머리를 상향으로 움직일 수 있는 각도는 50~80도 이며 적정범위는 30도 이내 정도로 본다.

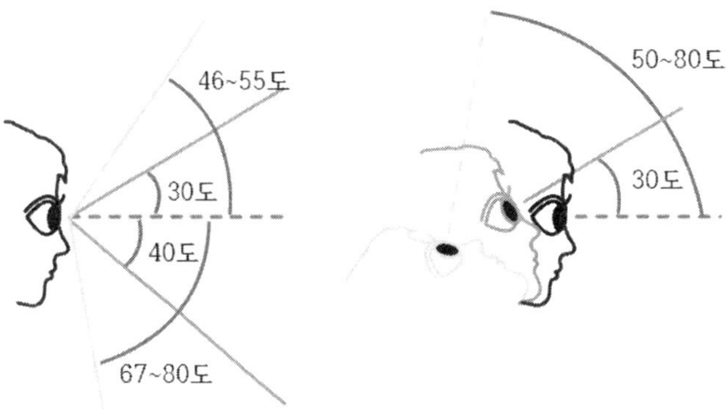

그림 13.10. 상하눈동자 수직시야 폭과 상향 머리 회전시야 폭

-시선의 상향각도와 하양각도가 각각 27도인 시야의 범위에 전시면을 구성하는 것이 바람직하다.

-이 때에 가용 전시면의 수직 길이와 관람자의 눈을 연결하면 정삼각형에 가까운 가시형태를 보이게 된다.

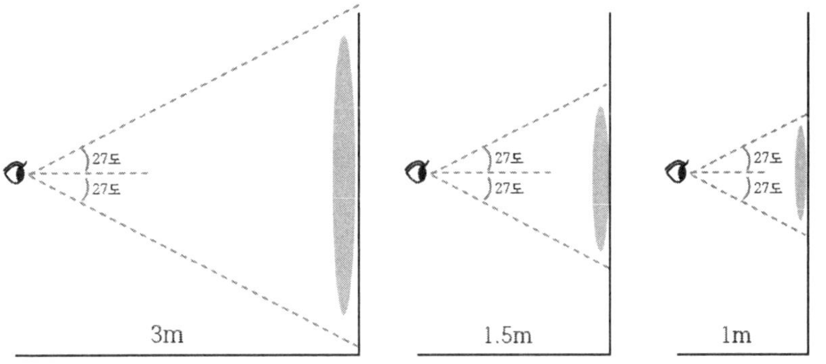

그림 13.11. 관람거리와 가용 전시벽면

(4) 전시기법

1) 일반전시기법

① 벽면전시

-벽면자체에 전시하는 것을 말하며 관람자는 벽에 걸린 작품의 대각선 길이의 1~1.5배 거리를 유지하고 관람하도록 하고 전시벽면과 조명과의 관계를 고려해야 한다.

-자연채광의 벽면전시인 경우 태양 광선이 전시벽면에 직접 닿지 않도록 해야 하며 기본적인 채광방향은 북쪽을 우선시 하며 다른 방위의 채광이 유입될 경우에 광선에 대한 필터링이 필요하다.

그림 13.12. 벽면전시 사례

② 알코브 전시

-알코브(alcove: 벽체에 우묵히 들어간 곳)에 전시물을 두는 유형으로 항온이나 항습, 도난 및 파손 방지를 위해 전면에 유리를 설치하기도 한다.

-유리면 안쪽은 빛의 반사나 눈부심을 방지하기 위해 관람자가 있는 영역보다 높은 조도를 요한다.

-전시물에 대한 시각적 집약성을 높일 수 있다.

③ **쇼 케이스 전시**

-쇼 케이스는 입체적, 공간적으로 관람되어야 하는 전시물에 많이 사용되는 방식으로 전시관 중앙에 배치하여 2~4방향 관람이 가능하다.

-벽장전시와 동일하게 반사 및 눈부심 현상을 방지하도록 신경써야 한다.

④ **소전시실 전시**

-작은 전시실 하나를 일련의 주제에 적합하게 벽, 바닥, 입체요소로 구성하여 전시하는 형식을 말한다.

-주로 역사박물관이나 하나의 테마를 주제로 한 박람회 등이 해당하며 이용자가 전시물을 공간적으로 접하고 관람하기 때문에 동선처리가 중요하다.

2) 특수전시기법

① **하모니카전시**

-전시공간이 하모니카의 구멍 모양으로 동일한 공간이 연속적으로 배치되는 전시기법으로 한정된 공간에서 많은 전시벽면을 확보할 수 있는 방법이다.

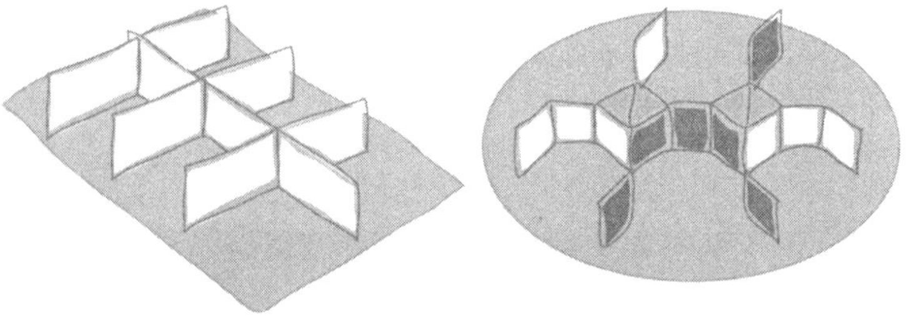

그림 13.13. 전형적인 하모니카 전시(좌) 및 그 응용한 예(우)

② **파노라마전시**

-역사 등과 같이 연속적인 주제를 선형으로 펼지도록 연출한 수법이다.

그림 13.14. 파노라마 전시의 예

③ **디오라마(Diorama) 전시**

-사건이나 주제에 대해 관람자에게 현장감을 부여하는 입체적인 전시수법으로 어떤 상황을

배경과 실물이나 모형으로 재현하는 수법이다.

-실물크기의 모형이외에 축소 또는 확대된 스케일을 활용하기도 하며 다양한 전시매체의 구성이 가능하다.

그림 13.15. 디오라마 전시의 예

④ **아일랜드전시**

-벽이나 천장을 직접 이용하지 않고 전시물을 바닥에 직접 배치하여 전시공간을 구성하는 수법으로 관람자의 시거리를 짧게 할 수 있고 관람 동선을 자유롭게 변화시킬 수 있다.

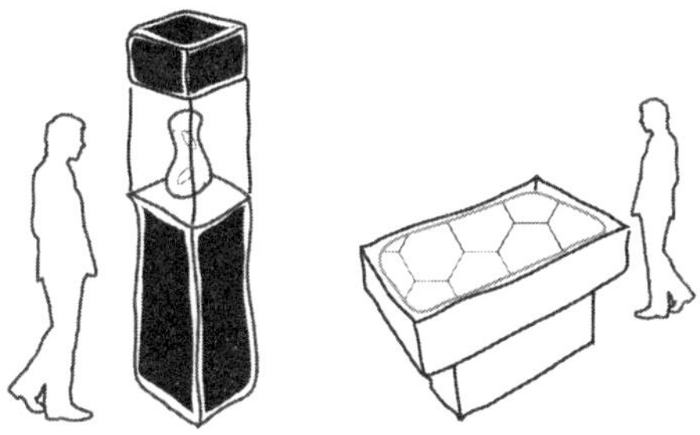

그림 13.16. 아일랜드 전시의 예

⑤ **영상전시**

-실물을 직접 사용할 수 없는 경우에 영상매체를 이용하여 연출하는 기법으로 프로젝터 및 음향 기기와 같은 영사시설이 요구된다.

⑥ **기타**

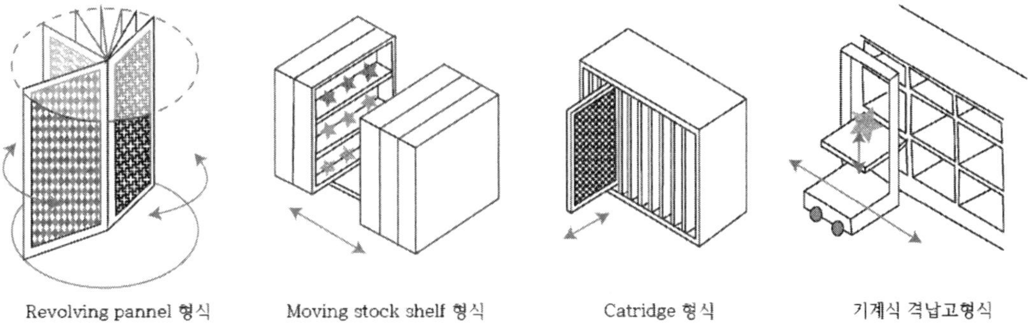

그림 13.17. 특수 전시의 여러 형식들

OX 퀴즈

1. 전시공간 순회형식 중 연속순로형은 구성이 단순하고 공간이 절약되나 관람을 하지 않는 공간도 순서대로 통해야 하는 불편이 있다. □

2. 연속순로형식은 장래의 확장이 어렵다. □

3. 연속순로형은 비교적 소규모 전시실에 적합하다. □

4. 전시공간 순회형식 중 중앙홀형은 실의 일부를 폐쇄하면 전시순로가 막힐 수 있다. □

5. 중앙홀형은 홀의 크기가 크면 중앙부 동선이 명쾌해진다. □

6. 갤러리 및 복도형 순회형식은 원하는 전시공간에 대한 선택적 관람이 어렵다. □

7. 갤러리 및 복도형 순회형식은 최소 면적으로 최대의 전시벽면을 얻을 수 있다. □

8. 부채꼴형 평면의 전시 공간은 소규모 박물관에 적합한 유형으로 다양한 전시공간을 선택할 수 있는 유형이지만 변화가 주어지면 이용자가 혼란스러움을 느낄 수 있다. □

9. 전시실의 관람자 시선의 상향각도와 하양각도가 각각 27도인 시야의 범위에 전시면을 구성하는 것이 전시물 감상에 가장 양호하다. □

10. 전시실 조명 계획시 전시물의 변색이나 손상을 가져오는 자외선과 적외선에 대한 차단 시설이 필요하다. □

11. 전시공간이 하모니카의 구멍 모양으로 동일한 공간이 연속적으로 배치되는 하모니카 전시기법으로 한정된 공간에서 많은 전시벽면을 확보할 수 있는 방법이다. □

12. 파노라마전시 기법은 역사 등과 같이 연속적인 주제를 선형으로 전개되도록 연출한 수법이다. □

13. 알코브 전시는 전시물에 대한 시각적 집약성을 높일 수 있는 특수전시 기법에 속하는 수단이다. □

14. 디오라마 전시는 주제가 되는 전시물에 현장감을 부여하는 입체적인 전시수법으로 어떤 상황을 배경과 실물이나 모형으로 재현할 수 있다. □

15. 미술관 전시실의 조명은 인공조명을 위주로 계획하고 자외선에 의한 전시물 손상을 고려하고 자연채광은 고려하지 않는다. □

16. 아일랜드 전시는 벽이나 천장을 직접 이용하지 않고 전시물을 바닥에 직접 배치하여 전시공간을 구성하는 수법이다. □

17. 벽면전시된 작품에 대하여 관람자는 벽에 걸린 작품의 대각선 길이의 1~1.5배 거리를 유지하여 관람하는 것이 이상적이다. □

18. 정측광창(top side light) 형식으로 채광을 유입하면 전시공간의 중앙부는 어둡게 하고 전시벽면의 조도는 높게 할 수 있다. □

19. 정광창(top light)으로 채광을 유입시키면 전시공간 중앙부를 가장 밝고 전시벽면에 균등한 조도가 유지될 수 있다. □

20. 고측광창(clearstory)로 채광을 유입시키면 전시실벽면의 조도가 관람자가 서있는 곳의 조도보다 낮아진다. □

21. 전시실 조명의 광원은 광색이 적당하고 변화가 없어야 하고 눈부심이 없어야 한다. □

22. 전시실 조명계획시 인공조명은 인간의 시각적 적응노력을 필요로 하기 때문에 자연채광과의 적절한 조화가 필요하다. □

23. 전시실의 광원 중 형광등은 보편적으로 연색성이 매우 좋다. □

24. HID(High-Intensity Discharge) 램프는 연색성이 좋지만 자외선량이 많아 자외선 차단 필터를 사용해야한다. □

25. 박물관에 수장고의 보유량이 많아질 수록 상설전시 교체능력이 커진다. □

26. 전시실의 인공조명은 자연채광에 비해 빛의 강도와 색 분포 조절이 쉬워 빛을 효과적으로 연출할 수 있다. □

27. 전시실 인공조명은 자연광의 광색에 가까운 것보다는 오히려 색온도가 낮은 광색이 좋다. □

28. 전시실 조명의 광원 중 백열등은 전시물에 따뜻한 분위기를 연출할 수 있으나 열방사에 의한 전시물의 손상을 일으키는 광원으로 적외선 차단 필터를 필요로 한다. □

29. 사람의 시야는 좌우 약 40도의 각도를 갖는 범위 내의 사물을 지각하는데 익숙하므로 박물관 전시 계획시 이를 고려한다. □

30. 전시면의 최저조도와 최대조도의 비가 1:3이하가 되도록 한다. □

14
공장

14.1. 기본 사항

정의
유형
기본 계획 지침

14.2. 대지 계획

대지 조건
배치 계획

14.3. 평면 계획

레이아웃 형식
평면 유형

14.4. 입 · 단면 계획

공장 형태 및 적용 대상
지붕형

14.5. 세부 계획

구조 계획
설비 계획
운반 계획
저장 및 관리시설
위생 및 후생시설

14.1. 기본 사항

(1) 정의

-공장은 원자재/부품을 일정한 공정과정을 거쳐 일련의 제품을 생산하는 공업 활동의 장소로서 물품의 제조, 가공 또는 수리에 계속적으로 이용되는 건축물이다.

(2) 유형

-공장의 유형은 건축형식에 따라 분관식과 집중식으로 분류되며 그 특징은 다음의 표와 같다.

표 14.1. 공장의 건축형식과 특징

분관식(Pavilion Type)	집중식(Block Type)
공장들의 형식과 구조방식을 각각 다르게 할 수 있다. 화학공장, 기계조립공장, 중층형 공장에 적합하다. 공장의 신축과 증축이 용이하다, 통풍, 채광이 양호, 배수나 물홈통설치가 용이하다. 각 동의 건설을 병행할 수 있어서 건설 공기 단축이 가능하다. 부정형의 대지형태, 지형상 고저차 있을 때 유리하다.	단일건물이나 블록에 공장을 집중시킨 유형이다. 기계조립공장, 무창공장, 단층공간에 적합하다. 내부배치변경시 공간의 가변적 융통성이 있다. 공간효율이 좋다. 제품 운반이 용이하고 동선상 흐름이 단순하다. 평탄한 대지, 정형화된 형태일 경우에 유리하다.

(3) 기본 계획 지침

-공장의 규모와 성격, 제품의 양, 종업원 수, 생산방식 및 관리, 경제력 등을 고려하여 계획한다.

-생산시설의 증감을 위해 유연하고 융통적으로 작업공간으로 계획한다.

-고품질의 제품 생산을 위한 클린룸, 미진동실 등과 같이 제조공정 환경의 고도화를 모색한다.

-기계 등에서 발생하는 소음, 진동, 냄새, 배출되는 물질 등으로 인해 주변 환경에 피해를 주지 않도록 하는 공해방지와 물이나 공기, 토양 등을 오염시키지 않도록 하는 처리장치를 필수적으로 구비한다.

-대지 내 조경 및 건물 녹화 계획을 통해 공장의 이미지 향상과 방풍, 방화, 방진의 피해를 줄이고 공해 및 각종 재해에 완충작용을 하도록 한다.

-소품종 대량 생산방식에서 다품종 소량 생산방식으로 진화한 생산공정에 부합하도록 생산의 자동화, 컴퓨터를 중심으로 사람, 제품, 정보를 자동적으로 조절할 수 있는 무인화 및 자동

화(Factory Automation) 시스템의 도입을 고려한다.

-제품 제조를 위한 작업공간 이외에도 창고 및 사무 공간, 복리후생 공간, 유틸리티 공간, 서비스 공간 등을 구비한다.

-에너지 절약을 위해 요철이 없는 형태와 방위를 고려한다.

14.2. 대지 계획

(1) 대지 조건

-공장의 입지를 결정하기 위해서는 공장 규모, 교통망, 원료 및 제품 공급 소요시간, 공급인구 유무, 에너지 및 동력원 공급현황, 지가 등을 고려해야 하며 소음이나 냄새 등에 따른 민원을 피하기 위해서는 주변에 주택, 학교, 유치원 및 병원 등이 있는 곳은 피하는 것이 좋다.

-공장이나 설비의 확장시 발생할 수 있는 문제를 대비하여 지반상황에 대한 사전조사가 요구된다.

-교외지역의 공장대지는 산사태, 하천의 범람, 바람, 지진, 태풍, 염해 위험 등과 같은 자연재해로부터 안전해야 한다.

-특히 5㎞ 이내에 바다가 있는 곳은 염분에 의해 건물 구조나 공장의 설비기계, 배관 등에 영향을 미치므로 신중하게 검토해야 한다.

-원료의 공급과 제품의 차질 없는 공급을 위해 도로 및 교통에 대한 조사가 필요하며 에너지 공급설비, 상하수도 설비, 폐기물과 배수처리설비에 대해 사전 검토해야 한다.

(2) 배치 계획

-공장의 배치는 대지의 형상, 출입구 위치, 동선의 흐름, 증축 및 확장방향, 공장 건축물 규모에 따라 달라진다.

-원료 및 제품을 운반하는 방법이나 작업동선을 고려해서 출입구 위치 등이 결정되어야 하며 각 부분별 시설들은 각각 구분되어야 하지만 동시에 유기적으로 연결되도록 공간을 배치해야 한다.

-여러 공정 중 가장 중요한 공정을 가장 유리한 곳에 배치시키며 기계를 합리적으로 배치시켜야 한다.

-견학자나 방문자의 동선을 고려한 배치 계획도 필요하다. 또한, 사전에 장래의 증축이나 확장을 고려하여 공장을 배치해야한다.

14.3. 평면 계획

(1) 레이아웃 형식

-공장의 레이아웃이란 공장의 생산활동에 중심이 되는 기계 및 설비 배치방법을 결정하는 것을 의미한다.

-공장의 레이아웃은 제품의 생산성에 커다란 영향을 미치므로 공장 건축에서 매우 중요하게 다루어진다.

-제품과 생산량, 생산방식, 공정설계, 운반/저장 시스템, 서비스 시설상의 계획에 따라 레이아웃이 달라진다.

-생산 및 가공구역은 여유 있는 공간을 확보하고 작업장 통로 폭은 지게차 회전반경 및 하중 조건을 고려하여 결정한다.

-기계실과 보수실은 작업장 생산라인과 분리해서 계획하고 장래의 확장을 고려하여 경간(스팬: span)을 검토하고 모듈을 구획을 한다.

-물품, 사람, 에너지, 정보 이동 동선, 재료의 반입과 반출동선을 가능한 짧고 명확하게 구분한다.

-레이아웃 과정에서 장래 공장 규모 변화에 대응해서 융통성있는 공간 계획이 필요하다.

-이러한 공장건축의 레이아웃형식은 다음의 표와 같이 정리될 수 있다.

표 14.2. 공장건축의 레이아웃 형식

형식	특징	적용대상
제품중심형 (연속작업식)	■ 대량생산 (높은 생산성) ■ 표준화 · 규격화된 제품 생산 ■ 공정과 기계류를 제품의 흐름에 따라 배치	가전제품, 석유, 시멘트, 화학공장 등
공정중심형 (기계설비 중심형)	■ 다품종 소량생산 (낮은 생산성) ■ 기능(공정)이 동일하거나 유사한 기계를 집합시키는 배치 (기능식 레이아웃) ■ 표준화가 이루어지기 어려운 경우에 채택 ■ 생산량 예측이 어려운 주문생산에 적합	주문 생산품공장
고정식	■ 제품이 크고 수가 적을 때 ■ 고정된 장소에 주 재료와 부품이 놓이고 사람이나 기계가 그 곳으로 이동해서 작업	선박, 건축
혼성식	■ 위 3가지 방식들이 혼성된 형식	

(2) 평면 유형

-공장의 평면유형은 동선의 흐름에 따라 크게 병렬형, 직렬형, 크로스형으로 분류할 수 있다.

① 병렬형

- 작업자의 동선(실선)과 화물의 동선(파선)이 교차하고 화물동선이 길어지지만 반입 및 반출 동선은 명확하게 구분된다.

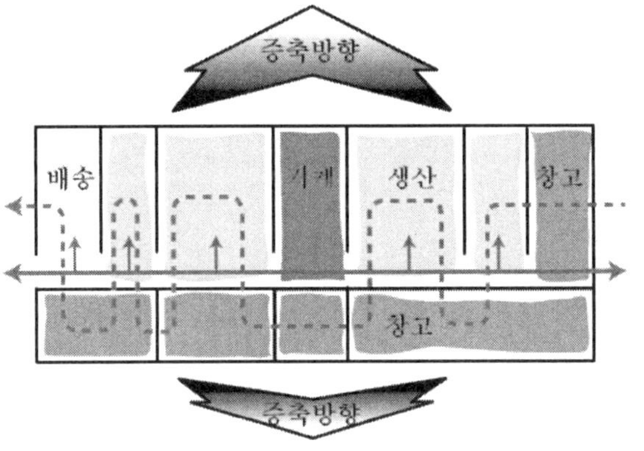

그림 14.1. 병렬형 평면

② 직렬형

-가로 길이가 가장 길어지는 평면 유형으로 작업자의 동선(실선)이 창고를 횡단하게 되지만 화물동선(파선)은 짧아진다.

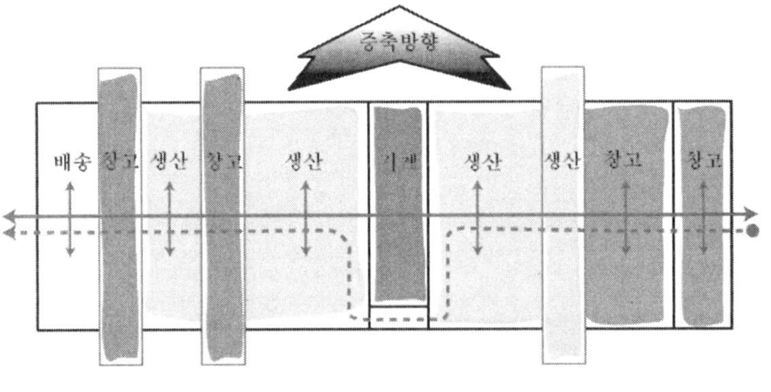

그림 14.2. 직렬형 평면

③ 크로스형

-크로스형은 가로 길이가 가장 짧은 평면 유형으로 작업자의 동선(실선)이 창고를 횡단하지만 화물의 반출과 반입을 위한 동선이 짧아진다.

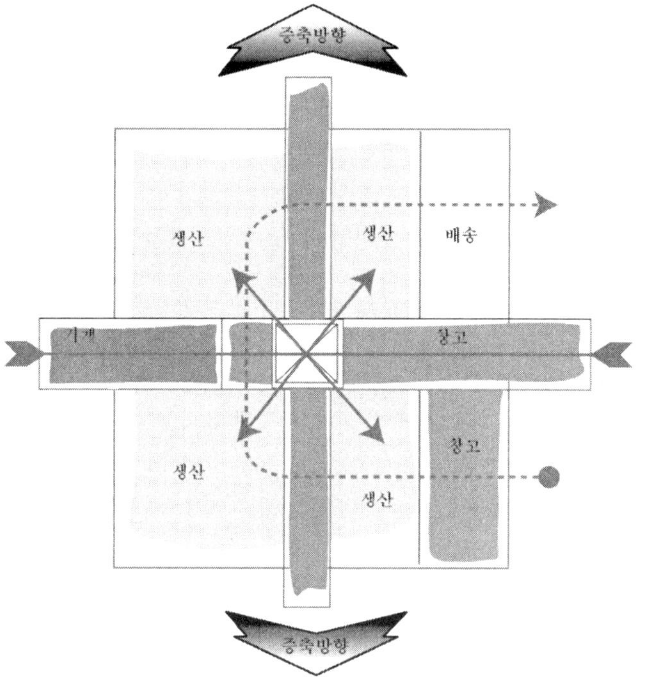

그림 14.3. 크로스형 평면

14.4. 입 · 단면계획

(1) 공장 형태 및 적용 대상

1) 단층형

-무거운 원료나 제품을 취급하는 공장(기계, 조선, 주물공장).

2) 중층형

-가벼운 원료나 제품을 취급하는 공장(제지, 제약, 제과, 제분).

3) 단층 및 중층병용

-양조, 방적공장.

4) 특수형

-시멘트, 제분공장.

(2) 지붕형

1) 평지붕(slab)형

-일반적으로 중층형 공장의 최상층에 적용한다.

2) 뾰족지붕형

-직사광선을 어느 정도 허용해야 한다.

3) 솟을지붕형

-채광 및 환기에 적합하다.

4) 톱날지붕형

-북향의 채광창으로 하루종일 균일한 조도를 유지할 수 있다.

5) 샤렌(Schalen)형

-기둥이 적게 소요되어 공간효율이 좋으나 채광과 환기의 문제가 있다.

참고

'Schalen' 은 독일어 이며 여러 뜻이 있지만 명사로는 영어의 'shell' 로 번역한다.
즉, 하중이 축선을 따라 압축력을 하부에 전달하는 구조로서 마치 엎어놓은 빈 조개껍데기가 어느 정도 힘을 견딜 수 있는 것과 같으며, 기둥이 더 적어지기 위해서는 천정높이가 더 높아져야 한 번에 넓은 면적을 얻을 수 있기 때문에 천정높이를 많이 높이지 않고 넓은 면적을 얻기 위해서 트러스구조를 함께 하기도 한다. 휨 모멘트가 작고 작은 단면으로 큰 간 사이를 구성할 수 있어서 기둥이 많이 필요하지 않게 되며 극장, 경기장, 창고, 체육관 등에 적합한 구조방식이다.

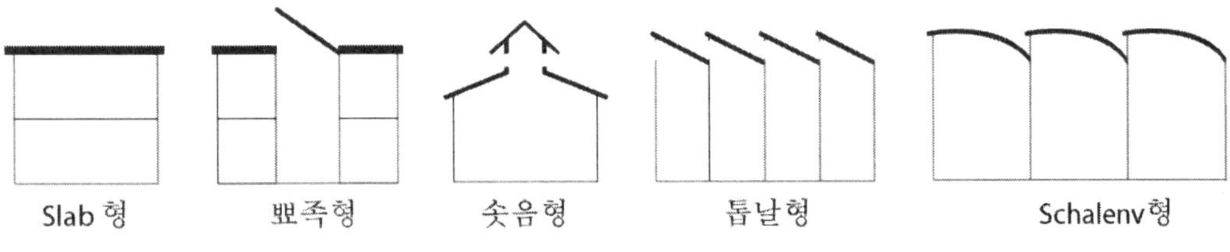

그림 14.4. 공장의 지붕형태

14.5. 세부 계획

(1) 구조 계획

1) 목구조

-내화 및 내구성이 약하다.

-소규모 단층 공장에 적합하다.

2) 철근콘크리트구조

-비교적 경제적이고 중층규모의 공장 및 기밀형 공장의 구조로 적합하다.

-자체 중량이 크고 공사기간이 다른 유형보다 길다.

3) 철골구조

-기밀성이 부족하고 내화성이 약하다.

-비교적 경제적이고 공장건축의 대표적인 구조형식이다.

-긴 경간(span)의 대규모 단층공장의 구조로 적합하다.

-경량구조이므로 내력이 약한 지반에 유리하다.

4) 철골철근콘크리트구조

-철근콘크리트구조에 비해 경간이 길고 높은 층수로 건축할 수 있다.

5) 프리스트레스드(P.S.) 콘크리트구조

-15m정도로 긴 경간을 구현할 수 있고 공사기간을 단축할 수 있다.

6) 절판 및 셀(shell)구조

-더욱 큰 경간을 구현할 수 있으므로 대규모 공장에 적용된다.

-증기가 많이 발생하는 공장에서 결로 문제에 대한 해법으로 사용된다.

(2) 설비 계획

1) 채광 계획

① 자연채광

-가능한 한 창을 크게 설치하고 광선을 부드럽게 확산시킬 수 있는 젖빛유리나 프리즘유리를 사용한다.

-가능한 한 동일 패턴의 창을 반복하는 것이 바람직하다.

-채광창의 면적은 다음의 식에 따라 산출한다.

창 면적(㎡)=바닥면적(㎡) × 필요한 조도(lux)/300

-공작 및 조립공장의 채광기준: 100~150lux

-정밀기계공장의 채광기준: 150~250lux

-톱날지붕, 천창지붕, 솟을지붕, 천창솟을지붕 등으로 지붕을 계획하여 채광을 유도할 수 있다.

② **인공조명**

-인공조명을 통해 실내조도를 균일하게 유지할 수 있다.

-일반조명으로는 형광등이 가장 보편적으로 사용되며 천장높이가 높을 경우 백열등이나 수은등이 사용된다.

-국부조명은 특수 부분의 조명과 정밀 작업에 필요하다.

2) 환기 계획

① **자연환기**

-풍력 및 온도차에 따른 대류 작용으로 환기를 유도한다.

-풍력에 의한 환기: 측창, 천장, 환기통 등을 이용한다.

-온도차에 따른 대류 작용에 의한 환기: 환기통, 솟을 지붕 등을 이용한다.

② **기계 환기**

-흡인(吸引)식: 원심형 팬 이용함 (방직, 목공 공장 등에 적용).

-취입(吹入)식: 추진기형 팬을 이용 주조, 야금 공장 등에 적용).

3) 클린룸(clean room)

-클린룸은 실내공기 오염 물질을 일정기준치 이하로 억제하여 유해가스 및 금속 이온 등이 사용목적에 적합하도록 관리하는 실을 말한다.

-클린룸은 크게 산업용과 의료용으로 구분되는데 산업용은 반도체공정, LCD•PDP 제작공정, 컴퓨터 조립 공정 등의 전자제품 생산 공장, 광학렌즈, 필름제조, 시계, 카메라, 현미경, 레이저 기기를 제작하는 정밀기계생산 공장, 베어링 제품제조, 정밀 세라믹 제품제조 하는 금속 및 비금속 생산 공장 등에서 주로 필요로 한다. 의료용은 각종 수술실과 무균 병실, 실험실과 제약시설, 인공심장이나 인공혈관을 제조하는 의료기기 생산 공장 등에서 필요로 한다.

-이러한 클린룸의 평면형태는 정방형보다 장방형이 유리하며 폭 4.2~4.8m, 길이 15.2m, 복도폭 2.4m가 적당하다.

(3) 운반 계획

1) 운반시 고려사항

-운반방식, 운반대상, 운반방향, 운반시간 및 빈도 등을 고려하여 운반계획을 세운다.

2) 운반 방식

① 견인 주행식

-주행크레인, 케이블크레인, 호이스트(hoist), 리프트(lift)

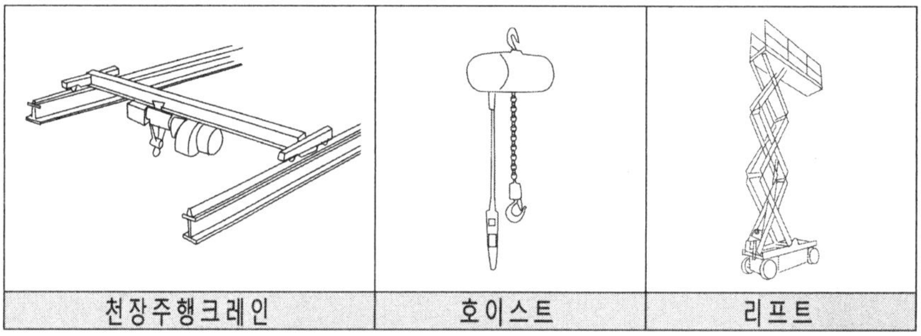

그림 14.5. 견인 주행식 기계

② 차량 운반방식

-지게차, 스크레퍼(scraper) 등

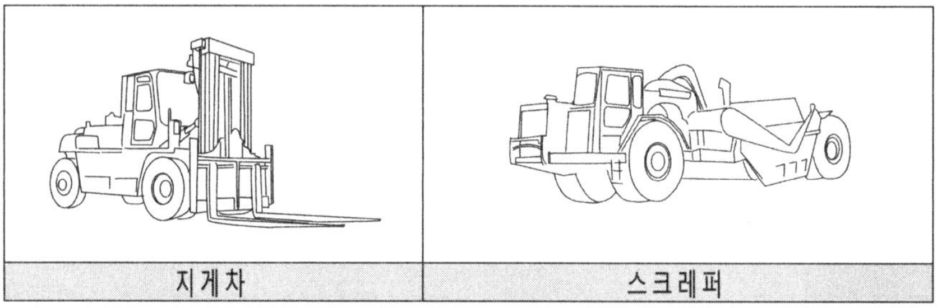

그림 14.6. 차량 운반방식

③ **연속운반방식**

-컨베이어 계열

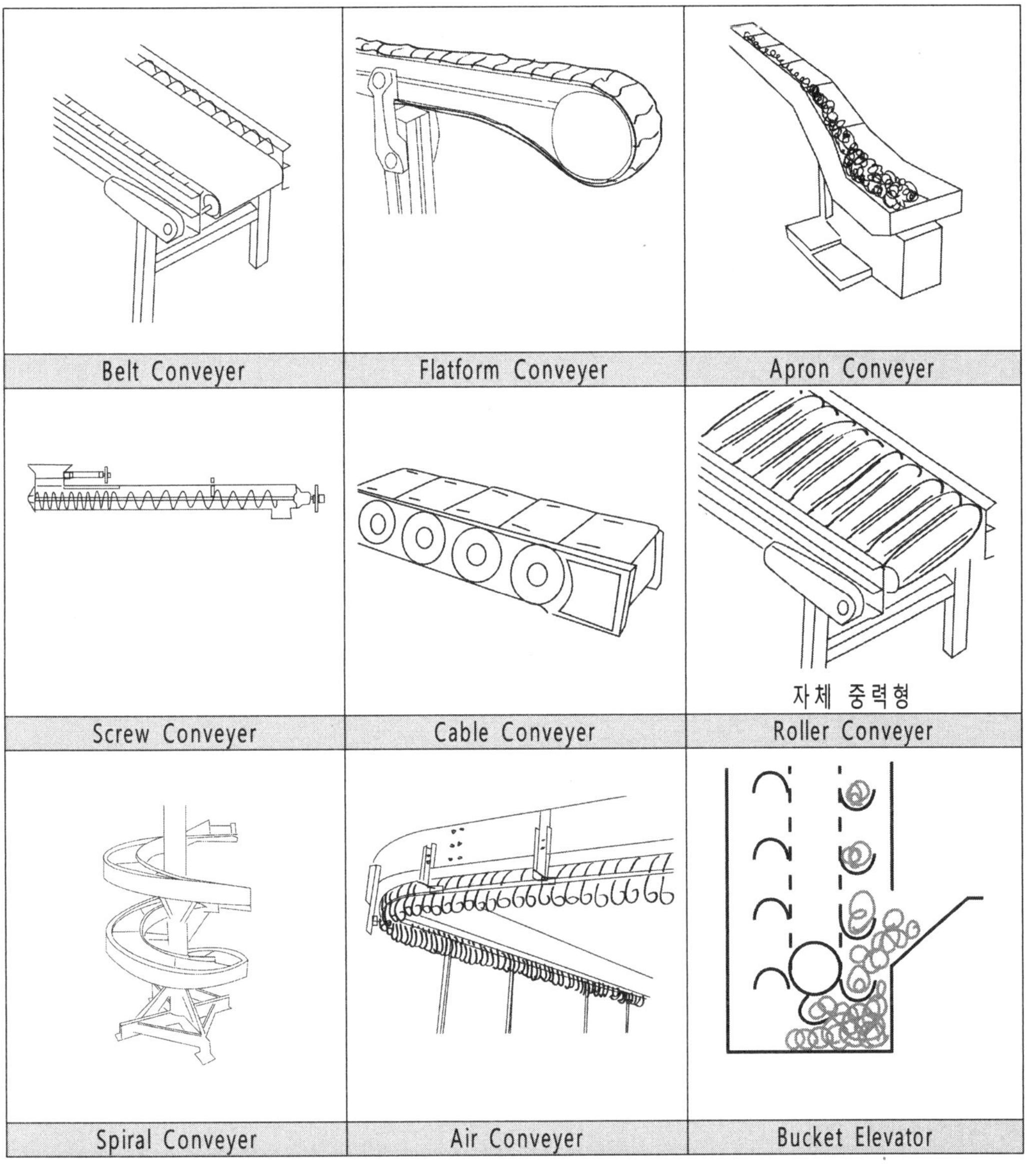

그림 14.7. 연속 운반방식

(4) 저장 및 관리시설

1) 저장시설

-면적은 보편적으로 전체 작업장 면적의 1/10정도가 적당하다.

-비생산적 공정이라 할 수 있으므로 저장을 최소한 단축하는 것이 중요하다.

-작업동선에 방해가 되지 않고 입고 및 출고에 적당한 위치에 배치한다.

-매연, 가스, 직사광선에 의한 저장물의 변질이 발생하지 않도록 주의한다.

-통풍, 방습, 방충, 방서, 방화에 대한 계획이 필요하다.

2) 관리시설

-작업부문과 사무부문으로 구분하여 계획한다.

-출입구는 재료의 반출입용과 종업원용을 구분하되, 사용시간이 다르면 같은 출입구를 이용하는 것이 관리상 유리하다.

-출입구 폭은 트럭이 출입할 수 있도록 5m이상으로 하고 수위실을 둘 수도 있다.

(5) 위생 및 후생시설

1) 식당

-소요면적은 식당이 1㎡/인, 주방이 0.4㎡/인 정도로 한다.

-회전율은 최대 3회 이하를 기준으로 규모를 결정한다.

2) 의료 및 오락 시설

-공장 규모에 따라 의무실, 진료소, 병원 등을 설치해야 한다.

-대형 공장에서는 대부분의 진료과를 갖춘 진료소 규모 이상의 의료시설을 설치해야 한다.

3) 갱의실 및 욕실

-규모는 전체 근무자의 50~70%가 이용하는 것으로 설정하여 산출한다.

-갱의실 면적은 0.55㎡/인을 표준으로 한다.

-욕실의 경우에 면적은 1~2㎡/인, 세면기 수는 15~20개/100인 정도가 적당하다.

-남녀별로 구분하고 채광과 통풍이 양호한 곳에 설치한다.

4) 화장실

-사무부문 내의 화장실은 일반사무실의 기준으로 계획한다.

-작업부문 내의 화장실은 남자용 대변기는 25~30명에 1대, 남자용 소변기는 20~25명에 1대, 여자용 변기는 10~15명에 1대로 산정하는 것이 적당하며 대규모 공장의 경우에 화장실까지의 보행거리는 50m 이내로 계획한다.

OX 퀴즈

1. 분관식(pavilion type) 공장은 각각의 건물에 대한 형식과 구조를 달리할 수 없다. ☐

2. 분관식(pavilion type) 공장은 통풍 및 채광이 양호하고 신축 및 확장이 용이하다. ☐

3. 분관식(pavilion type) 공장은 각 동의 건설을 병행하여 조기 완공이 가능하다. ☐

4. 집중식(block type) 공장은 단일 건물이나 블록에 공장을 집중시킨 유형으로 공간의 효율이 좋다. ☐

5. 공장의 형태는 에너지 절약을 위해 가급적 요철이 없는 평면으로 구성한다. ☐

6. 고정식 레이아웃은 공장의 레이아웃 형식 중에서 제품이 크고 생산수량이 적을 경우에 적합한 방식이다. ☐

7. 공정중심의 레이아웃은 기능이 동일하거나 유사한 기계를 집합시키는 배치 방식이다. ☐

8. 제품중심형 레이아웃은 생산성이 높아 대량생산에 유리하다. ☐

9. 솟을지붕형 공장은 채광 및 환기에 적합하다. ☐

10. 톱날지붕형 공장은 남향의 채광창으로 균일한 조도를 유지할 수 있다. ☐

11. 뾰족지붕형 공장은 직사광선을 어느 정도 허용해야 하는 단점이 있다. ☐

12. 샤렌지붕형 공장은 기둥이 많이 소요되는 단점이 있다. ☐

13. 단층형 공장은 주로 가벼운 원료나 제품을 취급하는 공장에 적합하다. ☐

14. 중층형 공장은 제약공장, 제지공장, 제과공장, 제분공장에 적합한 형식이다. ☐

15. 공장의 북쪽창은 하루 종일 조도의 변화가 가장 적도록 자연채광을 유입시킨다. ☐

15
창고

15.1. **기본 사항**
정의
기능
유형

15.2. **대지 계획**

15.3. **평면 계획**
창고 면적
평면 유형

15.4. **단면 계획**
단층 창고
다층 창고

15.5. **세부 계획**
구조 계획
설비 및 환경계획

15.1. 기본 사항

(1) 정의

-창고는 일련의 물품을 자연재해나 화재로부터 보호하고 생산에서 소비까지 장·단기간동안 물품을 보관·저장하는 건축물을 말한다.

(2) 기능

-물품을 장·단기간 보관하는 기능

-생산과 소비 기간을 조절하는 기능

-하역기능(70-80%), 사무기능, 부대기능

-입하기능

-출하기능(피킹, 출하구분. 검품)

(3) 유형

1) 보관물에 따른 유형

-농·수산물 창고, 축산물 창고, 공산품 창고, 의약품 창고, 위험물 창고, 특수품 창고

2) 층수에 따른 유형

① 단층형 창고

-중량의 화물을 다루는 창고(예: 철강 부두 창고)로서 화물의 출입이 편리하다.

② 다층형 창고

-지가가 높고 대지 면적이 협소한 곳에 건축되는 창고로서 화물출입에 기계설비가 사용된다.

3) 특수형

-사일로(silo), 유류저장 창고, 수면창고(水面倉庫: 수면아래에 원목을 보관하는 창고) 등

15.2. 대지 계획

-창고는 일반적으로 화물의 하역, 입하, 출하가 편리한 대지에 세워진다.

-육지로 운송되는 화물 보관 창고의 경우에 대형차량의 진입이 용이하고 철도가 인접한 곳이 부지로 적합하다.

-창고의 대지는 지반이 견고하고 건조지가 이상적이고 대지는 하나로 집약하는 것이 관리상 편리하고 관리비도 절약된다.

-창고의 대지에는 화물을 원활하게 오르내리기 위한 공지가 확보되어야 한다.

-부두에 지어지는 창고의 경우에 선박 크기, 부두 길이를 고려하고 창고를 배치하되 부두와 평행하게 창고를 배치한다.

-주변의 유통관련시설(공장 및 시장 등), 일반소비수요시설 위치, 동력원(가스, 전기 등) 확보 방법 등을 검토한다.

-수운(水運: 강이나 바다 위의 배를 이용해서 화물을 실어 나름)인 경우에는 교량이나 수심을 조사해야 한다.

15.3. 평면 계획

(1) 창고 면적

-창고 면적은 화물 종류, 크기, 물량, 입·출고 빈도에 따라 결정된다.

-창고 1동의 경간은 18~20m 정도로 한다.

-소형 화물인 경우는 150~300㎡, 고가품인 경우 15~30㎡, 항만 하역장이나 대량 창고는 1,000㎡ 정도의 면적이 필요하다.

-순수하게 물품 보관 창고로 이용되는 면적은 전체건축면적의 75~80% 정도이며 나머지 공간(계단, 엘리베이터, 사무실, 복도 등)이 차지하는 면적은 20~25% 정도가 적당하다.(미국 창고위원회의 소요면적 평균 자료)

-공간이용 효율이 떨어지고 운반 및 재고 조사가 불편하지 않도록 부정형의 보관실, 불규칙한 기둥 간격이 나타나지 않도록 계획해야 한다.

(2) 평면유형

1) 외주 하역식

-공장 주위에 근접하여 하역장을 배치한 형식으로 해안부두 등과 같은 대규모 창고에 적합하다.

2) 중앙 하역식

-창고 내 중앙에 하역장을 배치한 형식으로 화물의 처리가 비교적 빠르다.

-날씨에 관계없이 하역이 가능하나 채광이 좋지 않다

3) 분산 하역식

-창고 내 여러 장소에 하역장을 설치한 형식으로 창고 면적을 많이 차지하여 대형 창고에 적합한 유형이다.

4) 무 하역식

-별도로 하역장이 없이 호이스트(Hoist)나 크레인으로 화물을 운반하는 형식이다.

-화물의 수용능력이 가장 크고, 기계로 직접 화물을 반출입한다.

-기계 고장에 대비하여 예비 기계를 확보해야 한다.

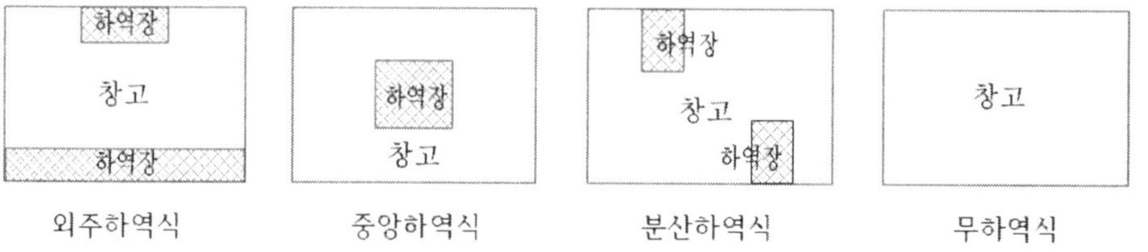

그림 15.1. 창고의 평면유형

15.4. 단면 계획

(1) 단층 창고

-대지가 넓고 지가가 낮은 경우에 적합한 형식이다.

-화물 출입이 편리하다.

-경간은 최대한 넓게 계획한다.

-출입문은 가급적 여닫이문으로 넓게 계획한다.

(2) 다층 창고

-대지가 협소하고 지가가 높은 경우에 적합하고 기계 설비를 이용하여 화물을 반입하거나 반출해야 한다.

-기준층의 층고는 약 3.65m정도, 최상층은 방열 및 환기를 위해 조금 더 여유 있는 높이로 계획한다.

-대규모의 공간이 필요할 경우에는 2개 층을 개방하여 사용할 수도 있다.

15.5. 세부 계획

(1) 구조 계획

1) 경간(span)

-가능한 넓게 계획하는 것이 바람직하다. 벽체에 위치한 기둥은 굵고, 중간이나 가운데 위치한 기둥은 가늘게 계획하는 것이 좋다.

2) 천장 높이

-일반적으로 천장 높이는 주요화물의 적재높이보다 60~90cm정도 높게 한다.

3) 바닥

-청소가 용이하고 단단한 바닥면으로 계획한다.

-방습이 요구되는 화물을 보관하는 경우는 바닥높이를 지면보다 20~30cm이상 높게 계획한다.

-바닥면의 중앙부는 50~150mm정도 높여 바닥에 물매를 주어 배수가 용이하도록 한다.

4) 기초

-보관화물의 무게에서 비롯되는 편심 하중으로 인한 부동침하 등이 일어나지 않도록 주의해서 기초의 종류와 위치를 결정한다.

(2) 설비 및 환경 계획

1) 하역 설비

-화물을 창고에 내리는 설비로 다음과 같은 종류가 있다.

① 운반기계: 크레인, 컨베이어
② 연락용 설비: 호이스트
③ 창고 내 하역설비: 엘리베이터, 슈트(chute), 파일링 머신(piling machine), 포터블윈치(portable winch) 등

2) 방서(防鼠) 설비

-방서는 쥐로부터의 피해를 방지하는 것을 말한다.

-방서를 위해 출입구 전면에 높이 40~45cm정도의 철판이나 널판으로 외부방향으로 경사지게 설치한다.

3) 방조 설비

-태풍이나 해일 등 자연재해로부터 보호하기 위한 배수설비가 필요하다.

-해안가인 경우 밀물의 유입과 역류현상에 대비하여 설치하고 계획한다.

4) 방화 설비

-창고에서 가장 중요한 설비로 기본적으로 스프링클러와 자동화재경보기를 갖추어야한다.

5) 훈증(燻蒸) 설비

-훈증 설비의 주요 목적은 부식을 방지하기 위해서이다.

6) 환기

-화물을 벌레, 먼지, 냉해, 부패로부터 보호하기 위한 환기가 요구된다.

7) 채광

-창고의 채광은 화물의 종류만 분간할 수 있을 정도의 조도만 유지하면 되는데 적재된 화물의 높이로 인해 채광이 차단되지 않도록 창문을 높게 계획한다.

-직사광선에 의해 변질될 우려가 있는 화물을 보관하는 창고에는 차광장치의 설치가 필수적이다.

OX 퀴즈

1. 다층형 창고는 지가가 높고 협소한 부지의 경우에 적합하다. □

2. 단층형 창고의 경우에는 중량을 화물을 다루는 창고에 적합하다. □

3. 창고 부지는 지반이 견고한 건조지가 이상적이다. □

4. 창고의 대지는 하나로 집약하는 것이 관리상 편리하고 관리비도 절약된다. □

5. 구조적 안전을 위해 창고의 경간은 가능한 한 짧게 계획한다. □

6. 다층형 창고의 경우에는 기계 설비를 이용하여 화물을 반출입해야 한다. □

7. 다층형 창고의 경우에 구조적 안전을 위해 2개 층을 개방하여 사용할 수 없다. □

8. 중앙 하역식 창고는 채광 조건이 좋고 날씨에 관계 없이 하역이 가능하다. □

9. 분산 하역식 창고는 창고 내 여러 장소에 하역장을 설치한 형식으로 창고 면적을 많이 차지하여 대형 창고에 적합한 유형이다 □

10. 창고의 하역설비 중 슈트(chute)는 연락용 설비이다. □

11. 창고 건축에서는 건물의 환기는 크게 중요하지 않다. □

12. 창고의 채광은 화물의 종류만 분간할 수 있을 정도의 조도만 유지하면 되는데 적재된 화물 높이로 인해 채광이 차단되지 않도록 창문을 높게 계획한다. □

13. 훈증 설비의 주요 목적은 작업자의 건강을 유지하기 위함이다. □

14. 창고의 바닥은 일반적으로 지면보다 20~30cm정도 낮게 계획한다. □

15. 일반적으로 창고의 천장 높이는 주요화물의 적재높이보다 60~90cm정도 높게 한다. □

OX 퀴즈 정답

1. 총론

1	2	3	4	5	6	7	8	9	10	11	12	13	14	15
X	○	X	○	X	○	○	X	X	X	X	○	○	○	○

2. 주택

1	2	3	4	5	6	7	8	9	10	11	12	13	14	15
○	○	○	○	○	X	○	X	○	X	○	○	○	○	○

16	17	18	19	20	21	22	23	24	25	26	27	28	29	30
X	X	○	○	X	X	○	X	○	○	○	○	X	○	○

31	32	33	34	35	36	37	38	39	40	41	42	43	44	45
X	○	○	○	○	X	○	○	○	○	X	○	○	X	○

46	47	48	49	50	51	52	53	54	55	56	57	58	59	60
X	X	○	X	○	○	○	○	X	○	○	○	○	X	○

61	62	63	64	65	66	67	68	69	70	71	72	73	74	75
X	○	○	○	○	○	X	○	○	○	○	X	○	○	○

3. 학교

1	2	3	4	5	6	7	8	9	10	11	12	13	14	15
X	X	○	X	X	X	X	○	○	○	○	○	○	○	X

16	17	18	19	20	21	22	23	24	25	26	27	28	29	30
X	○	X	○	X	X	○	○	X	X	○	○	X	○	X

4. 유치원

1	2	3	4	5	6	7	8	9	10	11	12	13	14	15
○	○	○	○	X	X	○	○	○	○	X	○	○	○	○

5. 도서관

1	2	3	4	5	6	7	8	9	10	11	12	13	14	15
○	○	○	○	○	X	○	X	○	○	○	○	X	○	○

16	17	18	19	20	21	22	23	24	25	26	27	28	29	30
X	○	○	X	○	○	○	○	○	○	X	○	○	X	X

6. 사무소

1	2	3	4	5	6	7	8	9	10	11	12	13	14	15
○	○	X	X	○	○	X	X	○	X	○	○	○	X	○

16	17	18	19	20	21	22	23	24	25	26	27	28	29	30
X	○	X	○	X	○	X	X	○	○	X	○	X	X	○

7. 은행

1	2	3	4	5	6	7	8	9	10	11	12	13	14	15
○	X	X	○	X	○	○	○	○	X	X	○	○	X	○

8. 상점

1	2	3	4	5	6	7	8	9	10	11	12	13	14	15
X	X	○	X	X	X	○	X	○	○	○	X	X	X	○

16	17	18	19	20	21	22	23	24	25	26	27	28	29	30
○	○	○	○	X	○	○	○	○	○	○	X	X	○	X

9. 백화점

1	2	3	4	5	6	7	8	9	10	11	12	13	14	15
X	X	X	○	○	○	X	○	○	○	X	○	○	X	○

16	17	18	19	20	21	22	23	24	25	26	27	28	29	30
○	○	○	○	○	○	X	○	○	○	X	○	○	○	○

10. 호텔

1	2	3	4	5	6	7	8	9	10	11	12	13	14	15
○	X	○	○	○	○	○	X	○	X	○	○	X	○	X

16	17	18	19	20	21	22	23	24	25	26	27	28	29	30
○	X	○	○	○	○	○	X	○	○	X	○	X	X	○

11. 병원

1	2	3	4	5	6	7	8	9	10	11	12	13	14	15
○	○	X	○	○	○	X	○	○	○	X	X	X	○	X

16	17	18	19	20	21	22	23	24	25	26	27	28	29	30
○	○	○	○	○	○	○	○	○	X	X	X	○	○	○

12. 공연장

1	2	3	4	5	6	7	8	9	10	11	12	13	14	15
○	○	X	○	○	○	○	X	○	X	○	○	○	○	X

16	17	18	19	20	21	22	23	24	25	26	27	28	29	30
○	○	○	○	X	○	X	○	○	X	X	X	○	○	○

13. 박물관·미술관

1	2	3	4	5	6	7	8	9	10	11	12	13	14	15
○	X	○	X	X	X	○	○	○	○	○	○	X	○	X

16	17	18	19	20	21	22	23	24	25	26	27	28	29	30
○	○	○	○	○	○	○	X	○	○	○	○	○	○	X

14. 공장

1	2	3	4	5	6	7	8	9	10	11	12	13	14	15
X	○	○	○	○	○	○	○	○	X	○	X	X	○	○

15. 창고

1	2	3	4	5	6	7	8	9	10	11	12	13	14	15
○	○	○	○	X	○	X	X	○	X	X	○	X	X	○

참고문헌

- 건축계획·설계론, 김창언 외 2인 공저, 서우.
- 건축계획, 이광노 외 4인 공저, 문운당.
- 건축설계·계획, 윤도근 외 11인 공저, 문운당.
- 건축계획론, 김진일 저, 보성문화사.
- 건축계획, 김광문외 역, 세진사.
- 건축계획각론, 박춘근 저, 보성각.
- 건축총론, 김창언외 저, 기문당.
- 건축계획방법, 이경회 저, 문운당,
- 건축계획각론, 이범재외 저, 기문당.
- 건축계획, 허만형 저, 학문사.
- 건축계획각론, 김영수 저, 서우.
- 건축계획학입문, 안창환외 저, 서우.
- 건축설계도감, 강병근 역, 기문당.
- 한국건축양식 80년사, 윤일주 저, 야정문화사.
- 주택계획설계, 김형대 저, 기문당.
- 단지계획, 김철수 저, 기문당.
- 도시계획, 박병주 저, 형설출판사.
- 건축사예비시험1. 건축계획, 송성길외 저, 한솔아카데미.
- 건축계획학, 김기홍 저, 서울고시각.
- 건축계획 테마특강, 김형돈 저, 성안당.
- 건축설계자료집성 시리즈, 편집부 역, 집문사.
- 건축설계자료 실례집, 건축자료연구회 저, 보원.
- 건축설계대사전, 건축설계편찬위원회 저, 한국사전연구사.
- 상업건축기획설계자료집성, 일본점포설계가협회 편, 상업건축사.
- New World Architect, 건축과환경 편집부, 건축환경사.

저자소개

■ 이용희

- 공학박사
- 강동대학교 건축과 교수
- 충청북도 건축자문위원

■ 정상규

- 공학박사
- 강동대학교 건축과 겸임교수 역임
- 충북대학교 BK21 사업단 초빙교수

■ 김수연

- 공학석사
- 충북대학교 건축학과 외래교수
- 강동대학교 건축과 외래교수

쉽게 이해하는 **건축 계획**

2021년 3월 1일 인쇄
2021년 3월 5일 발행

공 저 : 이용희·정상규·김수연
펴낸이 : 이 석 환
펴낸곳 : 도서출판 서우
등 록 : 제8-159호
주 소 : 서울시 은평구 대조동 191-5
전 화 : (02)383-1696, 1697
팩 스 : (02)387-9578
ISBN 978-89-97153-19-0 93540

정가 20,000원